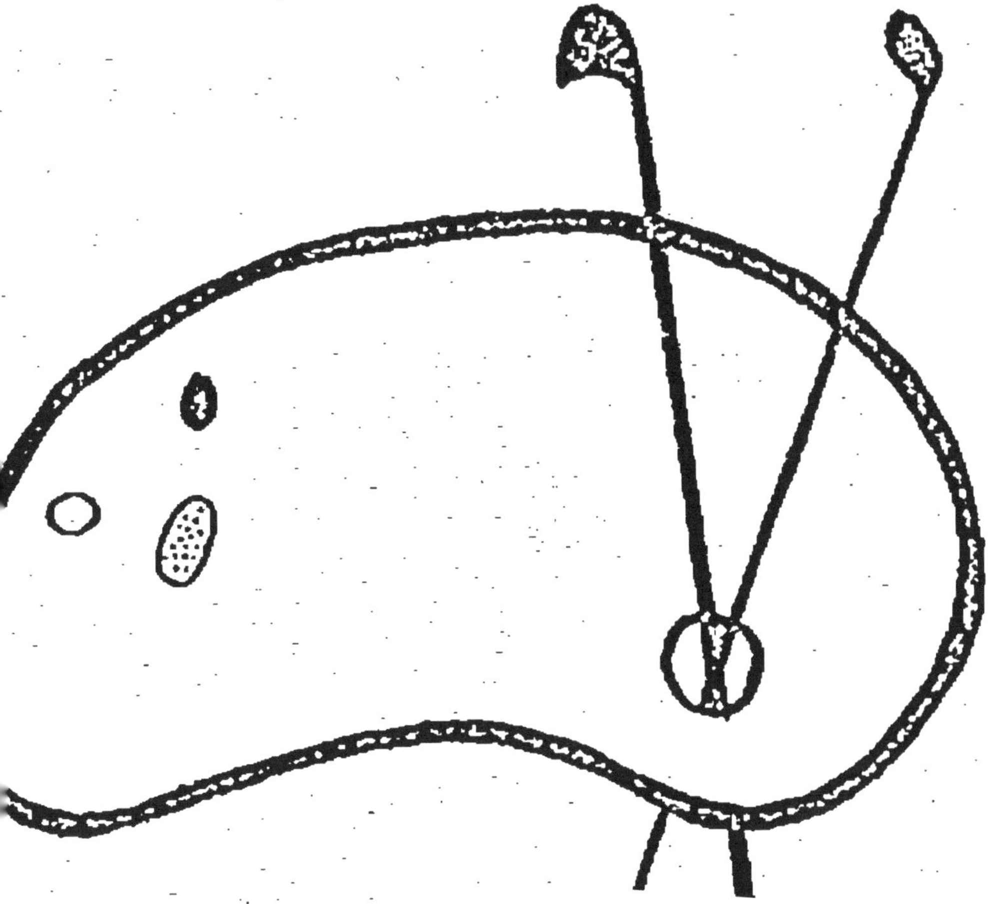

COUVERTURE SUPERIEURE ET INFERIEURE
EN COULEUR

BIBLIOTHÈQUE

ALBERT LÉVY

PARIS

79, BOULEVARD SAINT-GERMAIN, 79

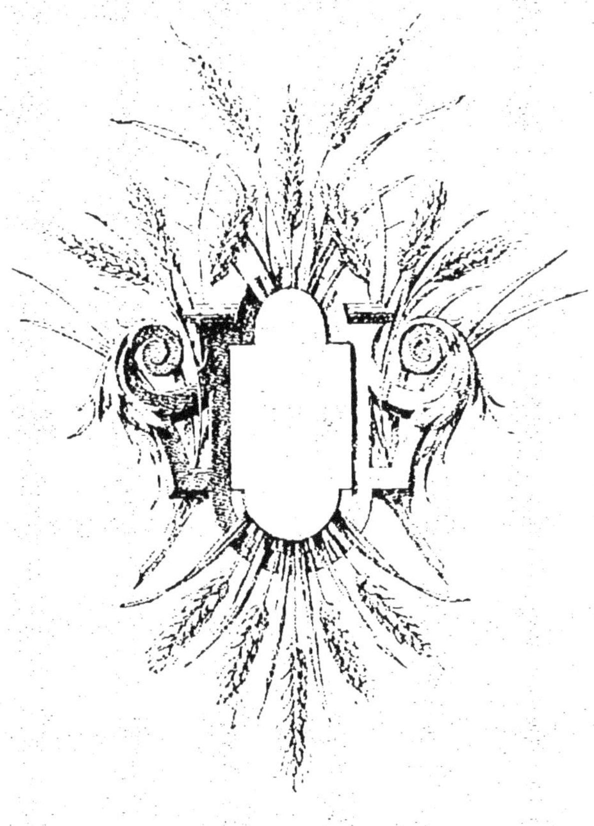

825-95. — CORBEIL. Imprimerie ÉD. CRÉTÉ.

CURIOSITÉS SCIENTIFIQUES

LES OMBRES CHINOISES.

29/98

BIBLIOTHÈQUE DES ÉCOLES ET DES FAMILLES

ALBERT LÉVY

CURIOSITÉS SCIENTIFIQUES

CINQUIÈME ÉDITION

PARIS
LIBRAIRIE HACHETTE ET Cie
79, BOULEVARD SAINT-GERMAIN, 79
1898

Droits de traduction et de reproduction réservés.

A

MON PÈRE ET A MA MÈRE

CURIOSITÉS SCIENTIFIQUES

CHAPITRE PREMIER

LES JEUX DE LA LUMIÈRE

Le théâtre Séraphin. — Les Découpages. — La Silhouette. — Le Kaléidoscope. — Les Anamorphoses. — Les Spectres. — Le Décapité parlant. — Le Spectre du Brocken. — Les Cercles d'Ulloa.

Quand j'étais tout petit enfant, la plus agréable récompense qu'on pût m'offrir était de me conduire au théâtre. Mais, dans ce temps-là, les spectacles étaient moins brillants que ceux d'aujourd'hui. On ne connaissait pas ou, pour mieux dire, on n'employait pas la lumière électrique ; les directeurs ne risquaient pas leur fortune sur le succès d'une féerie. Quand on me parlait de Cendrillon et de Peau d'Ane, je songeais aux contes naïfs du bon Perrault ; ces noms n'éveillent plus chez nos enfants que le souvenir de ces pièces à grand spectacle dans lesquelles les *trucs* perfectionnés, les changements à vue, les ballets et les apothéoses remplacent les idées et le style.

Mon théâtre de prédilection était situé au Palais-Royal, dans la galerie dite de Valois. A la porte, un agent du théâtre, qu'on appelait *aboyeur*, excitait la curiosité et le désir des passants en énumérant, avec force détails, toutes les attractions du programme du jour. Il ne vantait pas, je vous l'assure, la richesse des costumes ni la beauté des décors; il était sobre d'éloges sur le compte du jeune premier et de l'ingénue. Oh! les excellents artistes de ce fortuné théâtre! Jamais un acteur n'avait refusé de jouer un rôle sous le prétexte qu'il ne convenait pas à son talent; jamais une discussion ne s'était élevée dans cette troupe modèle : le père noble vivait dans la plus amicale intimité avec le traître; la duègne n'avait jamais médit des toilettes de la soubrette! Tous enfin poussaient la modestie jusqu'à ne se point irriter de ce que leurs noms ne figurassent point sur l'affiche! Un si bel exemple était suivi par tous ceux qui, de près ou de loin, tenaient au théâtre. Les costumiers ne demandaient pas que leur nom fût accolé à celui de l'auteur de la pièce; on ne lisait pas, le lendemain d'une première représentation : « La toilette que portait hier mademoiselle X... sort des ateliers du célèbre confectionneur pour dames W... ». L'auteur lui-même n'aspirait pas à forcer les portes de l'Académie ou à se faire bâtir un château, comme feu Scribe, avec ses bénéfices : chaque pièce lui rapportait *douze francs*, une fois payés, qu'elle fut jouée une ou cinq cents fois.

Dans la salle, point de luxe inutile : on venait pour écouter la pièce et non pour admirer l'escalier, le foyer ou le plafond; toutes les économies possibles avaient été réalisées : la salle n'était même pas éclairée!

Je m'aperçois, un peu tard peut-être, que j'ai oublié de dire que le fameux théâtre qui charma mes jeunes années était le théâtre Séraphin : le spectacle consistait en ombres chinoises, et par conséquent l'obscurité de la salle était absolument indispensable; ces artistes modèles dont je vantais tout à l'heure les rares qualités, étaient en carton noirci. Quelles charmantes pièces on donnait alors! Vous n'avez pas vu le magicien *Rothomago;* vous n'avez pas applaudi le célèbre *Pont cassé!* Que de trépignements de nos pieds enfantins quand le batelier impertinent engageait le héros à traverser la rivière, malgré la rupture du pont, en chantant :

> Les canards l'ont bien passée,
> Tire, lire, lire!

Que tous ces amusements sont loin de moi! On me dit que Séraphin revit en ce moment même sur l'un des boulevards de Paris; mais il ne suffit pas de ressusciter les innocents plaisirs d'autrefois, il faut encore, pour qu'ils retrouvent leurs succès passés, que nos enfants se déshabituent de ces spectacles étranges et coûteux qui frappent leurs yeux sans laisser dans leur esprit la plus petite leçon utile. Je donnerais, pour mon compte, tous les princes Hurluberlu de nos modernes féeries pour l'un des modestes héros du Séraphin de ma jeunesse.

Lorsqu'on installa pour la première fois les ombres chinoises à Paris (c'était à la fin du siècle dernier), il y avait bien longtemps que ce spectacle faisait la joie des petits et des grands enfants, non seulement en Chine, mais dans tout l'Orient. Aujourd'hui encore, dans le Céleste Empire, des bateleurs se promènent dans les villes, réunissent autour d'eux les badauds, qui ne manquent pas plus sur les bords du fleuve Jaune que sur ceux de la Seine, et donnent dix, vingt, cent représentations dans la même journée. On verra, d'après notre gravure, que l'installation est encore plus primitive qu'à Séraphin. « Le bateleur qui met les poupées en mouvement, monté sur un tabouret, est enveloppé jusqu'à la cheville du pied dans de larges draperies de cotonnade bleue. Une boîte représentant un petit théâtre est appuyée sur ses épaules et s'élève au-dessus de sa tête; ses mains agissent, sans qu'on devine le moyen mécanique qu'il emploie, pour imprimer des allures de comédie à de très petits automates. » Vous savez en quoi consistent ces ombres, et d'ailleurs n'avez-vous pas essayé cent fois, en plaçant vos mains convenablement disposées entre la lumière et un mur, de dessiner des ombres qui imitent à s'y méprendre la figure des différents animaux.

Dans quelques salons on joue volontiers aux ombres. Voici de quelle manière : Le patient est assis devant un mur, tournant le dos à la lumière. Les invités passent à tour de rôle entre la lumière et le patient; leur ombre se dessine sur le mur et, par la forme de cette ombre, il faut que le personnage assis donne le nom de celui ou de celle à qui elle appartient. Il va sans dire qu'on s'affuble de chapeaux, de châles, de foulards, de façon que l'ombre soit grotesque et qu'il soit difficile de reconnaître la personne qui la produit.

Disons de suite que ce phénomène des ombres, que tout le monde comprend, peut immédiatement nous révéler deux grandes vérités astronomiques : la rotondité de la terre et son isolement dans l'espace. Rien que par l'aspect de l'ombre nous pouvons avoir une idée de la forme du corps qui la produit : une barre droite aura une ombre rectiligne; une boule donnera comme ombre un cercle. Si nous observons la Lune au moment d'une éclipse, c'est-à-dire quand la Terre est placée entre le Soleil et la Lune et sur la ligne droite qui joint ces deux astres, nous verrons sur la Lune l'ombre de notre planète. Cette ombre a la forme d'un cercle; qu'en résulte-t-il? c'est que la Terre est ronde. Si la Terre n'était pas isolée dans l'espace, si un support quelconque la maintenait, on aurait depuis longtemps aperçu, projetée sur la Lune, l'ombre de ce support : rien de pareil n'a jamais été observé. Sans doute les astronomes peuvent ajouter encore d'autres preuves à celles que nous venons de donner; celles-ci vous paraîtront néanmoins suffisantes pour l'instant.

Revenons à nos jeux. Je parlais tout à l'heure des figures d'animaux qu'on obtient sur un mur en projetant l'ombre des mains convenablement enlacées; on peut encore, ainsi que notre dessin le représente, découper des morceaux de carton et, à l'aide d'une bougie, obtenir des images curieuses. Vous avez cent fois rencontré dans Paris ces singuliers industriels qui, le soir, à l'aide d'une chandelle fumeuse, projettent sur la devanture du premier magasin venu les figures découpées des célébrités du jour.

Vous connaissez les *silhouettes* obtenues en découpant sur un papier ou un carton le profil d'une figure dont l'ombre est projetée sur un mur. Pendant longtemps ces portraits bien

LA SILHOUETTE.

grossiers ont été à la mode; leur nom rappelle celui d'un financier célèbre, Étienne de Silhouette, qui vivait sous Louis XV. Silhouette, nommé contrôleur général des finances, s'occupa de réformer les abus et obtint une grande popularité en diminuant les dépenses de la cour; mais, dès qu'il voulut, au moyen de contributions spéciales, augmenter les ressources du trésor, le même peuple qui l'acclamait la veille le poursuivit de sa haine et de ses sarcasmes. Ses projets d'économie furent bafoués. « Tout parut *à la silhouette :* les culottes sans poches, les surtouts sans plis, tout ce qui portait enfin un caractère de sécheresse et de parcimonie. » C'est ainsi qu'on donna le nom de silhouette à ces portraits dont nous par-

LES DÉCOUPAGES.

lions tout à l'heure, « probablement parce que les réformes financières proposées tendaient à ne laisser aux contribuables que l'ombre de leur fortune ! »

Pendant la révolution de 1789, un grand nombre de royalistes portaient des cannes dont le bec, singulièrement découpé, donnait comme ombre le portrait de Louis XVI. Plus tard, sous la Restauration, les bonapartistes se servaient de cannes ou de cachets dont l'ombre reproduisait la silhouette de l'empereur. Les mauvaises langues ajoutent que c'était le même fabricant qui vendait, sous les différents régimes, le portrait du souverain qui venait de disparaître.

Les jeux d'ombres que nous venons de passer rapidement en revue ne sont pas les seuls phénomènes[1] qu'on puisse

CANNE LOUIS XVI ET CACHET NAPOLÉON.

produire avec la lumière. On sait que les rayons lumineux, en tombant sur une surface bien polie, se réfléchissent et

1. Quand nous employons le mot phénomène, *dans le langage courant*, nous faisons allusion à des spectacles extraordinaires : nous dirons d'un enfant très précoce : c'est un phénomène ! ce mot semble caractériser certains faits étranges : veaux à deux têtes, femmes colosses, hommes-chiens, etc. Mais dans le langage scientifique on donne le nom de *phénomène* à tout ce qui frappe nos sens. Une pierre qui tombe, de l'eau qui bout, etc...., voilà autant de phénomènes qui paraissent simples et vulgaires, mais que la science ne dédaigne pas d'étudier.

donnent une seconde image des objets. C'est d'après ce principe que sont établies les glaces de nos appartements.

Quand nous observons la surface d'un lac bien uni, nous voyons se réfléchir dans l'eau les images des maisons, des arbres placés au bord de ce lac. On raconte même que Narcisse, fils du fleuve Céphise et de la nymphe Liriope, épris de sa propre image, passait tout son temps auprès d'une fontaine qui reflétait ses traits. Il fut changé en fleur, tandis que la nymphe Écho, qu'il avait délaissée, faisait retentir l'air de ses gémissements.

Si vous prenez non plus un seul miroir, mais plusieurs miroirs, vous obtenez des résultats curieux. Je suppose que sur votre cheminée soit placée une glace et qu'une seconde glace soit fixée sur le mur opposé. Regardez dans le premier miroir : vous apercevez le mur placé derrière vous et par conséquent le second miroir; mais vous apercevez en même temps l'image de la première glace reflétée dans la seconde, et cette nouvelle image vous montre la seconde glace reflétée dans la première, etc. Il vous semble que la pièce que vous habitez a des dimensions infinies et qu'il y a, à une distance considérable, une glace identique à celle qui est derrière vous. Votre propre image est ainsi reproduite un nombre incalculable de fois; mais vous remarquerez que votre personne est alternativement vue de face, de dos, de face, etc.

Si les miroirs, au lieu d'être parallèles, sont placés à côté l'un de l'autre, à angle droit par exemple, une bougie allumée, approchée de ces glaces, va donner deux images, une dans chaque miroir; mais l'image produite dans le premier miroir va elle-même se réfléchir sur le second, de même que l'image produite dans le second miroir se réfléchira dans le premier, et notre œil surpris apercevra trois images. Si les deux miroirs, au lieu d'être perpendiculaires l'un sur l'autre, faisaient un angle de 60 degrés, on apercevrait cinq images; si l'angle était de 30 degrés, on verrait onze images, etc.

RÉFLEXION DE LA LUMIÈRE.

Nous allons comprendre maintenant les effets produits dans

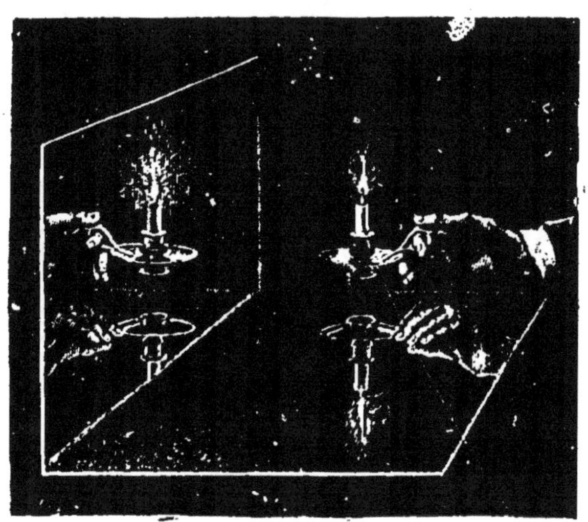

IMAGES DANS DEUX GLACES PERPENDICULAIRES.

IMAGES DANS LE KALÉIDOSCOPE.

ce petit jouet que tous les enfants ont eu entre les mains et qui s'appelle un kaléidoscope. Au lieu de deux glaces, on en a pris trois; on les a placées l'une contre l'autre, inclinées à 60 degrés, formant par leur ensemble la figure d'un prisme. Les glaces sont à l'intérieur du prisme. Ces trois glaces sont placées dans un cylindre de carton, fermé d'un côté par un verre dépoli et de l'autre côté par un morceau de carton percé d'un trou à travers lequel on regarde. On a jeté dans le cylindre des morceaux de verre coloré. Regardez et en même temps faites tourner le cylindre entre vos mains : les images de ces petits morceaux de verre vont se réfléchir sur les trois glaces, il y aura une série de réflexions multiples, et la réunion de toutes ces images va former des groupes symétriques affectant des formes très régulières. En tournant le cylindre, les morceaux de verre se déplacent : les figures obtenues changent à chaque instant de forme, sans cesser d'être agréables à l'œil.

Ce ne sont pas seulement les miroirs de verre qui réfléchissent la lumière; les miroirs de métal étaient même exclusivement utilisés par les femmes coquettes de l'antiquité. Mais, si ces miroirs ne sont pas parfaitement plans, ils déforment les images. Suivant qu'ils sont creux ou bombés, (concaves ou convexes, comme on dit en langage scientifique), les images paraissent plus petites ou plus grosses et se modifient même suivant qu'on s'approche ou qu'on s'éloigne. Je n'ai pas besoin de vous rappeler avec quelle curiosité on contemple l'aspect minuscule des objets reflétés dans une de ces boules colorées qui agrémentent nos jardins, ni les dimensions énormes de nos têtes aperçues dans certains miroirs métalliques concaves.

La déformation des objets regardés dans un miroir roulé en cylindre ou affectant la forme d'un cône a donné naissance à un petit appareil très amusant qui intrigue bien souvent le spectateur. Je veux parler de ces images appelées *anamorphoses* que vous avez très certainement eues sous les yeux. Si je faisais un dessin bien correct, bien régulier, et si je plaçais verticalement au centre de ce dessin un cylindre de métal poli, on observerait que l'image réfléchie sur le cylindre serait absolument informe. Tantôt les traits du dessin seraient démesurément allongés dans le sens vertical, tantôt dans le sens horizontal. Votre propre image, contemplée dans un de ces miroirs particuliers, vous ferait justement horreur. Eh bien, le dessinateur s'est ingénié à faire un dessin absolu-

ANAMORPHOSE.

ment informe, hideux à voir, mais qui, déformé par le cylindre, donne une image très jolie, très régulière, très bien faite. Il a donc fallu que le dessinateur se rendît compte de la déformation des images par la réflexion sur un miroir cylindrique ou conique et s'arrangeât de telle manière que cette déformation reconstituât un dessin parfaitement régulier.

Le phénomène de la réflexion de la lumière a été appliqué, il y a quelques années, à des expériences qui ont vivement frappé l'imagination du public : je veux parler des spectres et du décapité parlant.

Pour qu'une glace réfléchisse la lumière, il n'est pas nécessaire qu'elle soit étamée[1]. En regardant à travers les vitres de nos fenêtres, surtout quand la chambre est vivement éclairée, on aperçoit les images des objets placés dans la salle. Il y a quelques années, on jouait sur un de nos théâtres parisiens un drame plus ou moins moral (plutôt moins que plus) qui s'appelait *Le Secret de miss Aurore.* Quelle était l'intrigue de la pièce ? cela nous importe peu, et vraisemblablement cette pièce ne différait pas des mille mélodrames qu'on a déjà joués, qu'on joue et qu'on jouera encore. Cependant une scène avait le privilège d'émouvoir les spectateurs. Un infâme valet d'écurie, Stephen Hargrave, a rejoint dans une forêt un non moins infâme jockey nommé Conyers et lui a brûlé la cervelle à bout portant. Remarquez en passant que ces deux noms, Hargrave et Conyers, sont bien des noms de traîtres de mélodrame; jamais un pareil crime n'aurait pu être accompli par des individus s'appelant tout simplement Durand ou Martin en France, ou bien Edwards ou Francis en Angleterre! Donc le meurtre est commis : Conyers est mort et bien mort. Comment il se fait que miss Aurore est accusée du crime et comment son innocence est reconnue, cela ne nous intéresse point; l'assassin se réfugie dans l'une des cours du château, et c'est ici que le spectacle fantasmagorique commence. Le meurtrier voit s'avancer le spectre de sa victime : c'est bien Conyers qui apparaît; au moment où Hargrave veut se débarrasser une seconde fois de lui, le spectre fond, s'évapore. En même temps « des fantômes, drapés de longs suaires, surgissent en gesticulant et s'effacent dès qu'on les touche, comme des ombres passant sur un mur ».

1. On étame les glaces en les plaçant sur des feuilles d'étain recouvertes de mercure liquide. La glace étant chargée de poids, le mercure en excès s'écoule, tandis que celui qui reste forme avec l'étain un amalgame qu'on appelle *tain*

Comment ces spectres sont-ils produits? Notre gravure l'indique clairement. Le véritable Conyers, en chair et en os, est placé au-dessous de la scène, complètement caché des spectateurs; un faisceau de lumière électrique l'éclaire très vivement. Sur le devant de la scène on a placé une glace sans tain, inclinée à 45 degrés, qui réfléchit l'image de Conyers

COMMENT ON PRODUIT LES SPECTRES.

et la présente droite au spectateur. On comprend que la glace ne doit pas être aperçue du public, c'est pourquoi la salle est plongée dans une entière obscurité. Le spectre reproduit tous les mouvements de l'acteur dissimulé sous le plancher de la scène, et, chose bizarre, l'acteur qui est en scène et qui doit être frappé par cette apparition est le seul qui ne l'aperçoive pas. Cependant cet acteur doit poursuivre le spectre, être enlacé par lui, ce qui semble assez difficile

LE SPECTRE.

à exécuter; les acteurs ont combiné à l'avance leurs mouvements, qui doivent être mathématiquement reproduits. Aux répétitions, un spectateur a indiqué à l'acteur en scène l'endroit où se trouve le spectre, la manière dont ses mouvements sont aperçus, et cet acteur a étudié les positions respectives qu'il devait prendre.

Le *décapité parlant* a intrigué bien des gens peu habitués aux illusions d'optique. La salle étant toujours plongée dans l'obscurité, on aperçoit au milieu de la scène une table et, au milieu de cette table, une tête parfaitement vivante, une tête sans corps. Cette fois, ce n'est plus un spectre qui apparaît: la tête remue, parle, chante; elle vous raconte ses malheurs, vous explique comment elle a été séparée de ce corps qui paraissait jusqu'à ce jour nécessaire à l'existence. Vous avez deviné que le propriétaire de cette tête est caché sous la table, que sa tête passe par une ouverture pratiquée dans la table, mais vous vous demandez comment le corps est dissimulé. S'est-on contenté de le cacher derrière un tapis qui tomberait jusqu'à terre? Non, l'artifice serait trop grossier, et chacun le devinerait aisément. Il n'y a pas de tapis, le spectateur aperçoit nettement les pieds de la table et entre ces pieds il voit le mur du fond. Comment cela peut-il se faire? Devant les pieds de la table on a placé deux glaces derrière lesquelles se trouve le corps du prétendu décapité. Ces glaces reflètent les murs latéraux de telle façon, que l'on croit voir entre les pieds de la table le mur du fond. On pense donc que le dessous de la table est vide, puisqu'il semble qu'on aperçoive à travers les pieds, la paroi opposée de la salle.

Il est enfin un phénomène bien curieux produit par la lumière et connu sous le nom de *spectre du Brocken*.

Dans le royaume de Hanovre, ou plutôt dans le pays qu'on nommait ainsi il y a quinze ans, on trouve une chaîne de montagnes, le Hartz, qui a été de tous temps, si l'on en croit les légendes, le rendez-vous des sorciers du monde entier. C'est sur le Brocken, montagne la plus élevée de cette chaîne, que tous les ans les sorcières célèbrent le sabbat. Elles arrivent montées sur un bouc, sur un âne, et surtout sur un manche à balai; elles entourent leur maître, Satan, et lui renouvellent leur serment de fidélité après avoir accompli toutes sortes de cérémonies infernales, pendant lesquelles elles mangent la chair des suppliciés et celle des enfants morts sans baptême! Brr!! C'est dans la nuit du 30 avril au 1er mai que la troupe sinistre est réunie : c'est la nuit de Walpurgis.

On se rappelle que Méphistophélès, voulant consoler Faust, le conduit au Brocken et lui fait entendre le fameux chant magique :

Les sorcières se rendent au Brocken;
Le chaume est doré, la semence est verte,
Là s'assemble la grande foule. . . . .

Walpurgis, qui a donné son nom à la nuit du sabbat, était, qui le croirait? une abbesse dont l'Église fit une sainte. « Ses ossements furent placés au IXe siècle dans le couvent d'Eichstaedt, fondé en son honneur. Le culte de cette sainte fut répandu dans toute l'Allemagne, en France, dans les Pays-Bas, en Angleterre (où elle était née); sa fête fut fixée au 1er mai. » C'est parce que la nuit du sabbat commençait le 30 avril à minuit qu'on lui donna le nom de la sainte dont on célébrait la fête ce jour-là.

Pendant que les sorcières se livraient à leurs conjurations magiques, pendant qu'elles maudissaient les arbres et les moissons, les habitants sortaient de leurs demeures, une branche de buis à la main, et se répandaient dans les champs. « On frappait avec ce buis sur les arbres, on faisait claquer des fouets, on courait çà et là avec des torches enflammées, on protégeait les étables en faisant des croix sur les portes et l'on donnait au bétail une nourriture qui avait la propriété de rompre les charmes, afin de détruire la pernicieuse influence des sorcières. » Le matin venu, le chant du coq ayant dissipé les danses infernales, on rentrait au logis.

Vous pensez bien qu'il n'y avait au sommet du Brocken ni

LE SABBAT

sorcières ni démons, que personne n'avait jamais assisté aux prétendues cérémonies du sabbat, si complaisamment décrites par les historiens, et que la superstition seule avait peuplé d'esprits malfaisants la chaîne montagneuse du Hartz. On comprend néanmoins que l'aspect bizarre de ces collines ait frappé certaines imaginations par trop vives : les brouillards et les nuages qui enveloppent presque constamment ces hautes montagnes offrent, quand le vent souffle avec force, des ta-

LE SPECTRE DE BROCKEN.

bleaux étranges dans lesquels un œil prévenu pouvait distinguer des démons dansant ou luttant. L'imagination aidant, rien de plus simple que de trouver partout des apparitions fantastiques : ces blocs de granit qu'on aperçoit au sommet du Brocken ne devaient-ils pas servir d'autels aux sorcières? cette source limpide ne devait-elle pas rouler des eaux magiques? et cette pâle anémone qui fleurit sur ses flancs escarpés, n'était-ce pas un des talismans qui servaient aux sorcières pour jeter des sorts?

Les esprits convaincus ne manquaient pas d'ailleurs de vous dire : « Si vous vous refusez à croire à Satan et aux sorcières, si vous êtes assez aveugle pour ne pas voir les effets magiques de leurs conjurations, il est du moins un fait que vous ne pourrez révoquer en doute, car mille témoins l'ont vu, vu de leurs propres yeux. Ce fait étrange, inexplicable, indéniable surtout (c'est toujours mon interlocuteur qui parle), est celui-ci : quand on arrive le matin au sommet du Brocken, on aperçoit d'immenses géants suspendus en l'air qui vous fixent et, par moquerie sans doute, imitent tous vos gestes, tous vos mouvements. »

Il me faut avouer que les spectres du Brocken apparaissent véritablement. Le fait est certainement indéniable; je reconnais même qu'il est étrange ; mais il est d'autant plus explicable que je vais immédiatement l'expliquer.

Un mot d'abord sur le phénomène. Le voyageur Hane nous raconte « qu'il eut le bonheur de contempler ce phénomène. Le soleil se levait à environ quatre heures du matin par un temps serein; le vent chassait devant lui, à l'ouest, des vapeurs transparentes qui n'avaient pas encore eu le temps de se condenser en nuages. Vers quatre heures un quart, il aperçut dans cette direction une figure humaine de dimensions monstrueuses. Un coup de vent ayant failli emporter son chapeau, il y porta la main, et la figure colossale fit le même geste. Hane fit immédiatement un autre mouvement en se baissant, et cette action fut reproduite par le spectre. Le voyageur appela alors une autre personne. Celle-ci vint le rejoindre, et toutes deux aperçurent deux figures colossales reproduisant leurs gestes. »

Vous avez compris que ce beau phénomène ne présentait rien de mystérieux, qu'il était simplement dû à l'ombre des voyageurs projetée sur les nuages qui enveloppent le sommet de la montagne. D'ailleurs ce n'est pas seulement sur le Brocken qu'on peut observer de pareilles apparitions. Les montagnes projettent souvent leur propre ombre sur les nuages et offrent des spectacles grandioses que beaucoup de voyageurs ont admirés. Dans son ascension au mont Blanc, Bravais[1] a observé ce phénomène, et la belle description qu'il en a faite témoigne de la vivacité de ses impressions. « Que l'on imagine, dit-il, les autres montagnes projetant, elles aussi, à ce même moment, leur ombre dans l'atmosphère, la partie inférieure sombre avec un peu de couleur verdâtre, et au-dessus de chacune de ces ombres une nappe rose purpurine... toutes les arêtes des cônes d'ombre, par un effet de perspective, paraissent converger vers le sommet du mont Blanc... Il semblait qu'un être invisible était placé sur un trône bordé de feu, et que, à genoux, des anges aux ailes étincelantes l'adoraient, tous inclinés vers lui. A la vue de tant de magnificence, nos bras et ceux de nos guides restèrent inactifs, et des cris d'enthousiasme sortirent de nos poitrines. »

Quelquefois ces ombres sont entourées d'arcs colorés concentriques auxquels on donne le nom de *cercles d'Ulloa*. Ulloa[2], ayant gravi le Pambamarca[3], aperçut, au moment où

1. Bravais était un physicien français, qui naquit à Annonay en 1811 et mourut en 1863. Successivement professeur à la faculté des sciences de Lyon et à l'École Polytechnique, il a publié un grand nombre de travaux, principalement sur les phénomènes optiques de l'atmosphère.

2. Antonio de Ulloa, général et homme d'État espagnol, né en 1716, mort en 1795, fut un savant distingué qui a publié un voyage historique dans l'Amérique méridionale et des mémoires estimés sur la physique.

3. Montagne de l'Amérique du Sud, dans la Nouvelle-Grenade.

le soleil se levait, « son image réfléchie dans l'air comme dans un miroir; l'image était au centre de trois arcs-en-ciel nuancés de diverses couleurs et entourés à une certaine distance par un quatrième arc d'une seule couleur. La couleur la plus intérieure de chaque arc était incarnat ou rouge, la nuance voisine était orangée, la troisième était

CERCLES D'ULLOA.

jaune, la quatrième paille, la dernière verte. Tous ces arcs étaient perpendiculaires à l'horizon; ils se mouvaient et suivaient dans toutes les directions la personne dont ils enveloppaient l'image. »

Toutes ces apparitions ont, on le voit, une cause parfaitement connue, et ce n'est pas un des moins grands bienfaits de la science que d'avoir chassé de nos esprits les superstitieuses croyances au merveilleux et au surnaturel.

CHAPITRE II

LES JEUX DE LA LUMIÈRE (SUITE)

L'arc-en-ciel. — La déesse Iris et le géant Heimdall. — Décomposition et recomposition de la lumière. — Le phénakisticope. — Le mirage. — La fée Morgane.

« .... Alors les montagnes commencèrent à apparaître et l'arche s'arrêta sur le mont Ararat, en Arménie. Noé lâcha successivement un corbeau et une colombe qui revinrent presque immédiatement, témoignant ainsi que la terre était encore couverte par les eaux. Au bout de *sept* jours, Noé lâcha de nouveau la colombe, qui revint tenant dans son bec une feuille d'olivier; enfin, au bout de *sept* autres jours, il lâcha une troisième fois la colombe, qui ne revint plus. Noé en conclut que la terre était desséchée... Dieu donna sa bénédiction à Noé et conclut avec lui une alliance dont le gage fut l'admirable arc coloré qui illumina les nuages. « Voici, dit le Seigneur, le signe de l'alliance que je contracte avec toi et ta postérité. Lorsque j'amoncellerai les nuages au-dessus de la terre, l'arc-en-ciel paraîtra au milieu d'eux et annoncera qu'il n'y aura plus de déluge pour exterminer les êtres vivants. »

Dans la mythologie grecque, l'arc-en-ciel est la trace lumineuse que la messagère des dieux, Iris, laisse derrière elle. Iris, dont le nom veut dire arc, est fille de Thaumas, dieu des merveilles, et d'Electre, qui personnifie la splendeur du soleil. C'est au nom de Junon que, parée d'une robe d'azur, elle venait apprendre à la terre la fin des tempêtes et le retour du beau temps, en abandonnant son écharpe colorée.

L'arc-en-ciel porte aussi le nom d'écharpe d'Iris ou simplement d'Iris; les mots *irisé*, *irisation*, qui s'appliquent aux corps colorés présentant les couleurs de l'arc-en-ciel, viennent du nom de la messagère de Junon.

La mythologie nous donne une seconde explication de l'arc coloré qui apparaît à certains moments sur le ciel. Uranus (le Ciel), mari de Titéa (la Terre), précipitait ses enfants dans de profonds abîmes. Titéa chargea l'un de ses fils, Saturne, de se venger de ce père barbare et lui remit une faux avec laquelle Saturne devait tuer Uranus. Celui-ci, frappé par le tranchant de la faux, mutilé, dut céder le souverain pouvoir à Saturne. La faux vengeresse apparut au ciel sous forme d'un arc irisé. Remarquez, en passant, que ce même Saturne devait un peu plus tard dépasser la barbarie d'Uranus et pousser l'amour paternel jusqu'au point de manger ses enfants.

Autre légende. La mythologie scandinave nous apprend que l'arc-en-ciel est un pont, le pont de Bifrost, jeté entre le ciel et le terre et par lequel plus d'une fois les géants ont essayé d'escalader la demeure des dieux. La teinte rouge est un sillon de feu qui s'oppose au passage des géants. Ce pont céleste est gardé par le géant Heimdall, dont les sens sont si déliés « qu'il distingue les plus petits objets à une grande distance et qu'il entend croître l'herbe des champs et la laine des brebis... » Nous avons dit dans un autre volume[1] que ces exploits merveilleux pourraient être réalisés par la science moderne, qui nous a donné le télescope et le microphone. On se rappelle qu'avec ce dernier instrument on peut entendre, à une distance de plusieurs lieues, les mouvements des pattes d'une mouche.

1. *Nos vraies conquêtes*, p. 117.

Les dieux de la mythologie des peuples du Nord ne doivent pas vivre éternellement. Leurs ennemis sont enchaînés, il est vrai, mais ils rompront un jour leurs chaînes et livreront bataille aux dieux. Quels sont ces ennemis? C'est Loki,

LE GÉANT HEIMDALL.

e génie du mal; Midgard, le serpent dont les anneaux en-ourent la terre; Héla, déesse de la mort; Fenris, le loup re-loutable. Après la sanglante mêlée qui verra périr en même emps les dieux et les monstres, naîtront des divinités plus uissantes. Et comment l'attaque aura-t-elle lieu? Les mon-tres pénétreront au ciel par le pont de Bifrost. « Muni de son cor magique, Heimdall donnera le signal d'alarme. Dans la lutte, il s'attaquera à Loki et tous deux tomberont percés de coups. »

Le déluge, d'après la Bible, eut lieu en l'an du monde 1656, soit vingt siècles avant notre ère. Il fallut attendre jusqu'à Newton pour avoir l'explication scientifique de ce beau phé-

BATON BRISÉ DANS L'EAU.

nomène, l'arc-en-ciel, qui frappa d'admiration Noé et s enfants.

Nos ancêtres étaient probablement parvenus à distingu dans l'arc-en-ciel sept couleurs différentes; mais ils dure les considérer comme le symbole des sept jours qui sép rèrent les départs des colombes de l'arche. Améric Vespu raconte qu'il a souvent observé l'*iris* dans le nouve monde et qu'il croit « que le rouge de l'arc vient du feu, vert de la terre, le blanc de l'air et le bleu de l'eau »; ajoute: « L'arc cessera de paraître quand les éléments sero usés, ce qui arrivera quarante ans avant la fin du monde. »

Nous allons vous dire comment sont produites les sept couleurs de l'arc-en-ciel.

Plongez un bâton dans l'eau, il vous paraîtra brisé à la surface du liquide; votre œil ne verra pas dans le prolongement l'une de l'autre les deux parties du bâton : celle qui est sous l'eau et celle qui est hors de l'eau. Cependant le bâton n'a pas cessé d'être rectiligne; vous êtes le jouet d'une illusion d'optique. Quand un rayon lumineux passe de l'air dans un liquide ou dans un autre milieu transparent (dans un prisme de verre, par exemple), ce rayon est dévié de sa route rectiligne, il est *réfracté*, comme on dit.

Si l'on regarde à travers un prisme de verre une bougie allumée, ainsi que le représente notre dessin, l'image de la bougie apparaît élevée ou abaissée suivant la position du prisme, de telle sorte qu'on peut apercevoir en même temps deux bougies, dont l'une n'est que l'image de la bougie véritable, image réfractée par le prisme de verre. Vous avez fait cent fois cette expérience avec les verres taillés d'un lustre et vous vous rappelez avoir promené l'image autour de l'objet fixé, en faisant tourner le prisme entre vos doigts.

Le grand Newton, qui fut tout à la fois astronome, physicien et mathématicien, reprit l'expérience que nous venons de rappeler et opéra de la manière suivante : Dans le volet fermé d'une croisée il perça un petit trou et laissa passer par cet orifice un mince filet de lumière solaire. Il obtint, et vous pouvez facilement reproduire l'expérience, une image blanche et ronde du soleil qui se dessina sur le mur opposé de la chambre.

Sur le trajet du faisceau lumineux, Newton plaça un prisme de verre, s'attendant à voir toujours la même image ronde du soleil, mais un peu déplacée à cause de la réfraction. Newton aperçut, au lieu de l'image ronde du soleil, une image dont la longueur était cinq fois plus grande que la largeur et divisée en bandes de diverses couleurs. Newton en conclut que la lumière blanche émanée du soleil était composée d'un certain nombre de lumières colorées qui se réfractent inégalement en traversant un prisme de verre et donnent une bande colorée qu'il appela *spectre solaire.*

DOUBLE IMAGE D'UNE BOUGIE.

Dans ce spectre, les images colorées, empiétant les unes sur les autres, donnent des teintes graduées; cependant on peut reconnaître sept couleurs principales. Vous retiendrez les noms de ces couleurs avec d'autant plus de facilité qu'ils composent un vers alexandrin :

Violet, indigo, bleu, vert, jaune, orangé, rouge.

Ainsi, fait bien remarquable assurément, et sur lequel je reviens, la lumière blanche du soleil est formée de sept lumières colorées. Le prisme décompose cette lumière : pour quelle raison? Ces sept lumières sont réfractées, c'est-à-dire déviées de leur chemin rectiligne, par le prisme de verre; mais cette

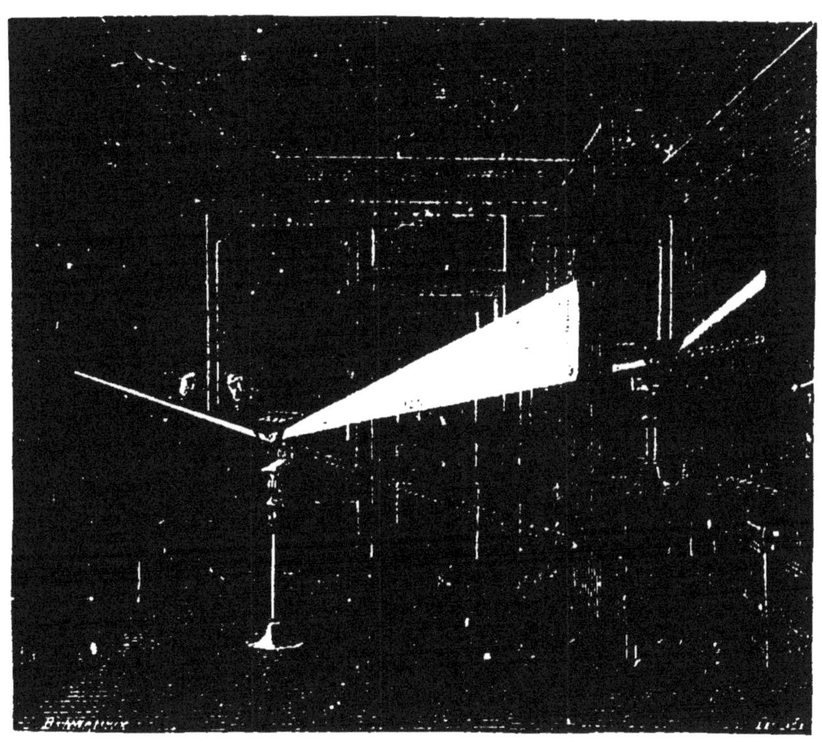

DÉCOMPOSITION DE LA LUMIÈRE

déviation n'est pas la même pour chacune d'elles : les rayons violets sont les plus déviés; après eux viennent les rayons indigo, les rayons bleus, etc.... ; les rayons rouges sont ceux qui sont le moins réfractés. Ce phénomène s'appelle la dispersion de la lumière.

La lumière blanche, avons-nous dit, est décomposée par le prisme en lumières simples; pour que cette démonstration soit complète, il faut prouver qu'en réunissant ces lumières simples on reconstitue la lumière blanche. Un grand nombre d'expériences vérifient ce résultat; nous n'en citerons que deux. Il en est une que vous pouvez imaginer aisément. Plaçons à côté du premier prisme un second prisme exactement semblable au premier, dont les arêtes soient placées parallèlement aux arêtes du premier, mais en sens inverse. Le second prisme va relever les rayons abaissés par le premier,

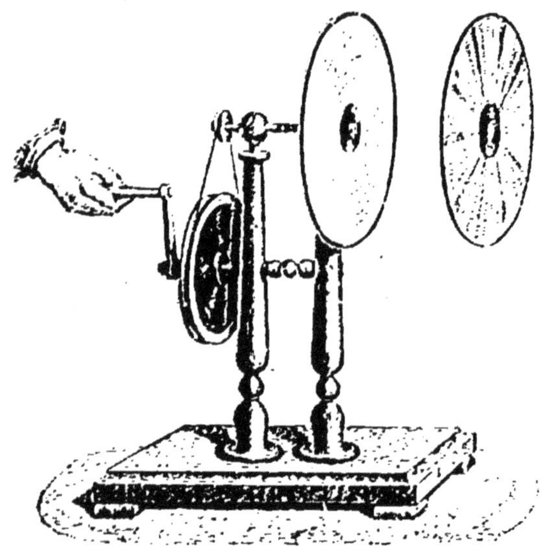

LE DISQUE DE NEWTON.

de telle manière que ces rayons, après avoir été déviés deux fois, se retrouveront parallèles à leur direction première. L'expérience montre que l'image obtenue dans ce cas est blanche.

Sur un carton noir collons des petits secteurs alternativement violets, indigo, bleus, etc..., et faisons tourner très rapidement ce carton autour d'un axe fixé à son centre. Les images colorées se superposeront et notre œil apercevra un disque blanc. Cette belle expérience, due à Newton, s'explique de la manière suivante : On sait que dans le phénomène de la vision les images des objets viennent se peindre sur un petit écran placé au fond de notre œil et qu'on appelle *rétine*. Mais cette rétine conserve encore les impressions reçues même après que l'image a disparu. Si donc deux couleurs viennent très rapidement frapper notre œil, nous ressentirons l'impression du mélange de ces couleurs; notre œil ne parviendra pas à les distinguer. Dans l'expérience du disque tour-

L'ARC-EN-CIEL.

nant de Newton, la rétien est frappée presque simultanément par les sept couleurs du prisme, et l'impression reçue est celle de leur union; nous avons dit que cette couleur résultante était le blanc. Nous décrirons plus loin quelques jouets construits précisément en tenant compte du phénomène de la persistance des images sur la rétine.

C'est à cause de la réfraction que vous apercevez à travers les verres taillés d'un lustre ces belles images irisées qui excitent votre admiration. C'est à cause de la réfraction que vous apercevez sur la nappe liquide d'un jet d'eau ces arcs colorés qui vous font penser avec raison à l'arc-en-ciel. Le phénomène de l'arc-en-ciel est, en effet, produit par la décomposition de la lumière qui traverse des gouttes d'eau suspendues dans l'air. Mais ce phénomène ne se produit pas chaque fois qu'il pleut ou qu'il a plu. Il faut qu'immédiatement après la pluie le soleil brille d'un vif éclat ou même que la pluie tombe pendant que le soleil resplendit. Vous connaissez bien ce curieux spectacle; nous disions autrefois, quand nous avions votre âge : « C'est le diable qui bat sa femme et qui marie sa fille. » L'arc-en-ciel se produit toujours sur les nuages placés à l'opposé du soleil par rapport à l'observateur. Quand nous regardons un arc-en-ciel, nous voyons toujours une bande colorée dont on ne distingue guère que les deux couleurs extrêmes, le rouge et le violet. Le rouge est à la partie extérieure de l'arc, le violet est à l'intérieur. Quelquefois on aperçoit un second arc placé au-dessus du premier; dans ce second cas, l'arc est également coloré, mais les teintes sont renversées : c'est-à-dire que le rouge est à l'intérieur et le violet à l'extérieur. Le rayon visuel qui, partant de notre œil, aboutit à la partie rouge de l'arc, fait un angle de 42 degrés avec la ligne qui joint le centre du soleil à la goutte d'eau.

On a même aperçu des arcs-en-ciel triples, et notre dessin reproduit le phénomène observé au siècle dernier par des voyageurs au pôle. « Dans l'arc inférieur, le violet était en bas, le rouge en dehors, comme toujours : c'est l'arc principal. Le second, qui lui est parallèle, est l'arc secondaire, chez lequel le rouge est en bas et le violet en haut. Le troisième arc, partant des pieds du premier, traversait le second et avait, comme le principal, le violet en dedans et le rouge en dehors. »

Nous pouvons maintenant ajouter quelques détails sur le

spectre solaire. Au lieu de recevoir les sept couleurs du prisme sur un écran, arrangeons-nous de manière à arrêter les rayons rouges : nous n'aurons qu'à placer un obstacle, une carte par exemple, devant la portion rouge du faisceau. Puis, faisons passer les autres rayons à travers un prisme placé en

ARC-EN-CIEL TRIPLE.

sens inverse du premier. Si tous les rayons traversaient ce second prisme, l'image obtenue serait blanche (expérience de la récomposition de la lumière blanche); comme nous avons retiré le rouge, l'image obtenue sera verte. Si nous avions retiré le bleu, l'image obtenue aurait été jaune. On dit que les couleurs rouge et verte, bleue et jaune sont complémentaires, c'est-à-dire que, ajoutées ensemble deux à deux, elles donneraient la lumière blanche.

Pourquoi le carmin est-il rouge? Pourquoi les feuilles de nos arbres sont-elles vertes? Un corps quelconque, carmin, feuilles, etc..., reçoit du soleil de la lumière blanche; il a la propriété d'absorber quelques-uns des rayons colorés qui composent cette lumière et de renvoyer les autres. Un corps blanc est celui qui n'absorbe aucun rayon lumineux, qui renvoie toute la lumière reçue; un corps noir est celui qui absorbe tous les rayons colorés et n'en renvoie aucun. Un ruban rouge est ainsi coloré parce qu'il absorbe tous les rayons, sauf le rouge.

En résumé, la couleur d'un corps est due à la nature de la lumière qu'il renvoie. Cela est si vrai, que nous allons imaginer une expérience intéressante. Un ruban qui nous paraît rouge à la lumière du soleil, placé dans la partie rouge du spectre, nous apparaît illuminé d'un rouge très vif; placé dans la partie verte du spectre, il sera noir comme du jais. Pourquoi? Parce que ce ruban a la propriété d'absorber les rayons verts (c'est pour cela qu'il est rouge): ne recevant aucune lumière qu'il puisse réfléchir, il sera noir.

Quelle est la couleur de l'eau? L'eau, sous une faible épaisseur, est transparente; elle est blanche, c'est-à-dire qu'elle n'absorbe aucun rayon lumineux. Mais augmentez successivement son épaisseur et regardez-la dans le sens de sa profondeur, vous la verrez complètement noire : elle aura absorbé tous les rayons lumineux. Sur mer, l'eau regardée de haut en bas paraît noire. Cependant, si au fond de l'eau se trouvent des corps capables de renvoyer de la lumière, la couleur de l'eau change et devient verte. « Vous êtes en mer. Vous vous couchez avec l'eau noire de l'Atlantique autour de vous; vous vous levez le matin et, regardant la mer, vous trouvez un vert vif: vous pouvez en conclure avec raison que vous traversez un banc de sable. »

J'ai dit tout à l'heure, et cela a dû vous surprendre, que le bleu était complémentaire du jaune, c'est-à-dire que ces deux lumières réunies donnaient la lumière blanche, et cependant quand, en peinture, nous mélangeons un bleu et un jaune, ce que nous obtenons n'est pas du blanc, mais du vert. Cela tient à ce que ces couleurs ne sont pas pures. En même temps que le bleu renvoie la lumière bleue, il renvoie aussi un peu de la couleur voisine, le vert (bleu, vert, jaune); en même temps que le jaune renvoie la couleur jaune, il renvoie aussi un peu de vert. Donc, si nous mélangeons ces deux couleurs, le jaune et le bleu s'éteindront et il ne restera que le vert, transmis à la fois par les deux couleurs.

Cette décomposition de la lumière blanche émanée du soleil produit non seulement l'arc-en-ciel, mais des phénomènes optiques très intéressants.

Nous avons dit que la persistance des images sur la rétine de l'œil expliquait l'expérience du disque à secteurs colorés de Newton. On sait qu'en tenant un charbon allumé à la main et en le faisant tourner très rapidement, on aperçoit un cercle de feu qui n'existe pas en réalité, mais qui est produit par les positions différentes que prend le charbon en tournant; si le mouvement de rotation est suffisamment rapide, le charbon a accompli un tour entier avant que l'impression produite sur la rétine ait disparu. Il semble donc qu'on aperçoive ce charbon au même moment dans toutes ses positions. Quand une roue est en mouvement, on n'aperçoit pas les rayons. Les enfants s'amusent souvent à placer entre leurs dents un fil élastique et, le tenant tendu d'une main, le pincent de manière à l'écarter brusquement de sa position; on aperçoit alors de belles figures affectant la forme d'un fuseau et qui sont produites par le mouvement rapide du fil : l'œil aperçoit simultanément le fil dans toutes ses positions. Nous pourrions multiplier ces exemples. On a mesuré le temps pendant lequel durait cette impression sur la rétine de l'œil et on l'a trouvé égal à un dixième de seconde. On a même construit de petits jouets qui donnent une illusion d'optique assez curieuse, précisément à cause du phénomène dont nous parlons. Ces jouets portent des noms assez difficiles à retenir : phénakisticope, zootrope.

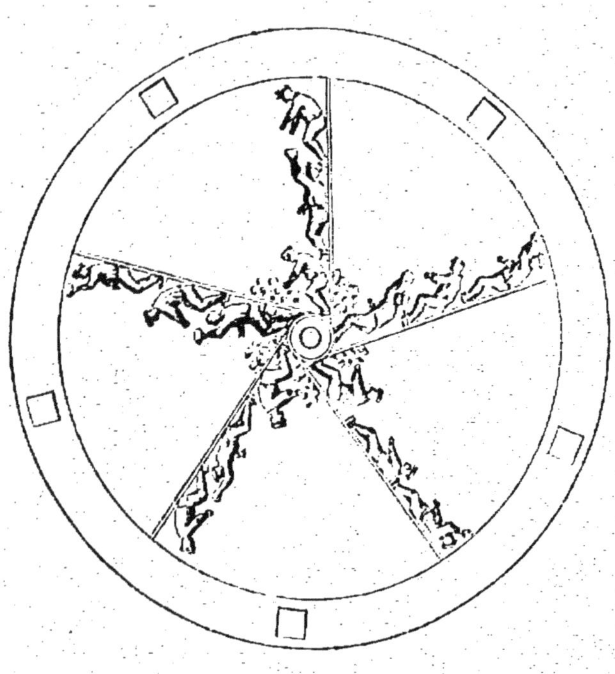

LE PHÉNAKISTICOPE

Imaginez un cercle de carton pouvant tourner rapidement autour de son centre; ce cercle est divisé par des rayons en plusieurs parties égales qu'on appelle secteurs. Dans l'un des secteurs on a dessiné un sujet : par exemple, ce seront trois maçons, naturellement immobiles, qui se tendent des pierres. Dans le secteur suivant, les trois maçons ont une position un peu différente : celui du bas a monté les bras, le second tend les siens au contraire, etc.... Les attitudes de ces divers personnages correspondent, dans chaque secteur, aux différents mouvements que les maçons accomplissent quand ils se tendent des moellons. A la circonférence du cercle de carton se trouve, dans chaque secteur, un petit trou. Si vous vous placez devant une glace, le dessin étant disposé du côté de la glace, et que vous fassiez tourner rapidement le morceau de carton, en regardant à

LE ZOOTROPE.

travers l'un des trous il vous semblera que ces maçons sont en mouvement. Pour plus de commodité, ce cercle sera fixé à un axe horizontal passant par son centre, soutenu par un manche que l'opérateur tient à la main. Chaque carton représente un sujet particulier : tantôt vous verrez un sonneur faire mouvoir sa cloche à toute volée, un ouvrier frapper à coups redoublés sur une enclume, un jongleur lancer, puis recevoir avec adresse des boules, etc... Quelquefois on donne à cet appareil la forme représentée sur notre deuxième gravure, il porte alors le nom de *zootrope*. Dans l'intérieur du cylindre on enroule une feuille de carton sur laquelle les sujets sont dessinés et l'on place l'œil devant l'une des ouvertures; il n'est plus nécessaire ici de faire intervenir un miroir.

Quand un rayon de lumière frappe un miroir, il est réfléchi; quand il traverse une nappe d'eau ou un prisme de verre, il est réfracté. Voilà deux phénomènes bien nets sur lesquels nous vous avons donné de suffisants détails. Quand l'air est bien pur, un corps lumineux voisin nous apparaît avec la plus grande netteté. Mais la lumière qui nous arrive du soleil, de la lune ou des étoiles a un chemin singulièrement long à parcourir avant de nous parvenir et, de plus, elle traverse des couches d'air qui deviennent, sous le même volume, d'autant plus lourdes qu'on approche davantage de la terre. On dit, pour exprimer ce même fait, que la *densité* de l'air augmente depuis les hautes régions de l'atmosphère jusqu'au niveau du sol. D'ailleurs, nous reconnaissons bien que les différentes couches d'air sont plus légères les unes que les autres : au-dessus d'une bougie allumée, nous apercevons un air troublé qui s'élève, évidemment parce qu'il est plus léger que l'air qui l'entoure.

La lumière qui a des milieux de densités très différentes à traverser est réfractée exactement comme si elle pénétrait dans une masse de verre, et ce n'est qu'en passant que je rappelle que les astres ne sont pas exactement *là où nous les voyons*, pas plus que le bâton qui plonge dans l'eau n'est là où nous l'apercevons.

Cette réfraction, dont les astronomes tiennent compte dans leurs calculs et sur laquelle je reviendrai dans un autre volume, est évidemment d'autant plus grande que les températures de deux couches voisines d'air sont plus différentes.

LE MIRAGE DANS LE DÉSERT.

Dans les pays chauds, où le sol est fortement échauffé, l'air voisin du sol réfracte les rayons lumineux d'une manière toute spéciale, à ce point qu'un arbre, par exemple, donne une seconde image, exactement comme s'il était placé au bord d'un lac bien uni.

Ce phénomène curieux, connu sous le nom de *mirage*, a trompé plus d'une fois le voyageur errant dans les pays qui avoisinent l'équateur. La chaleur est étouffante, l'air est sec, une soif ardente brûle la gorge : on aperçoit à l'horizon une source d'eau dans laquelle se réfléchissent les rares arbustes qui décorent ce désert; on approche, la prétendue source s'éloigne sans cesse, et la souffrance est d'autant plus vive qu'on pensait enfin pouvoir étancher sa soif. Nos soldats ont éprouvé ces horribles tourments dans la célèbre campagne d'Égypte dirigée par le général Bonaparte. Écoutons ce que dit à ce sujet l'un des grands savants qui firent partie de cette expédition.

« Dès que la surface du sol est suffisamment échauffée par la présence du soleil, et jusqu'à ce que, vers le soir, elle commence à se refroidir, le terrain ne paraît plus avoir la même extension et il paraît terminé à une lieue environ par une inondation générale. Les villages qui sont placés au delà de cette distance paraissent comme des îles situées au milieu d'un grand lac, et dont on serait séparé par une étendue d'eau plus ou moins considérable. Sous chacun des villages on voit son image renversée, telle qu'on la verrait effectivement s'il y avait une surface d'eau réfléchissante; seulement, comme cette image est à une assez grande distance, les petits détails échappent à la vue, et l'on ne voit distinctement que les masses; d'ailleurs les bords de l'image renversée sont un peu incertains, et tels qu'ils seraient dans le cas d'une eau réfléchissante, si la surface de l'eau était un peu agitée.

A mesure que l'on approche d'un village qui paraît placé dans l'inondation, le bord de l'eau apparente s'éloigne; le

MIRAGE SUPÉRIEUR OBSERVÉ A PARIS LE 14 DÉCEMBRE 1869.

bras de mer qui semblait vous séparer du village se rétrécit : il disparaît enfin entièrement, et le phénomène, qui cesse pour ce village, se reproduit sur-le-champ pour un nouveau village que vous découvrez derrière, à une distance convenable.

FATA MORGANA.

« Ainsi, tout concourt à compléter une illusion qui quelquefois est cruelle, surtout dans le désert, parce qu'elle vous présente vainement l'image de l'eau dans le temps même où vous en éprouvez le plus grand besoin. »

Le mirage peut s'observer dans un grand nombre de circonstances. Parfois on aperçoit en l'air l'image d'une ville brillamment éclairée[1].

1. Notre gravure reproduit un phénomène qui a été observé à Paris le 14 décembre 1869 entre trois et quatre heures du matin. « Il faisait un beau clair

Quelquefois, quand un mur est fortement échauffé par le soleil, il se forme un mirage latéral[1].

Deux observateurs placés sur le lac de Genève, en 1818, qui observaient un bateau *p* s'approchant de la rive orientale du lac *a b c*, virent tout à la fois et le bateau qui prenait successivement les positions *p*, *q*, *r*, *s*, et une image *latérale* en *q'*, *r'*, *s'*, qui s'avançait comme la barque elle-même, mais qui semblait s'écarter à gauche, tandis que la barque s'écartait à droite.

Parfois enfin on obtient des images présentant des aspects bizarres : elles sont déformées, brisées, et paraissent dues à des visions fantastiques. C'est ainsi que se produit sur la côte de Calabre un phénomène connu sous le nom de *Fata Morgana* ou de

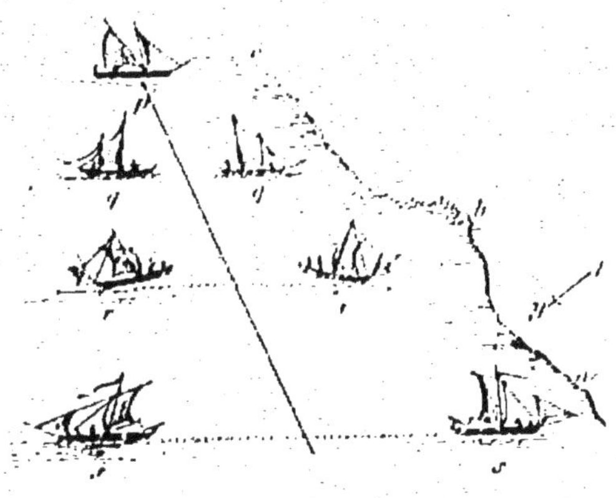

MIRAGE LATÉRAL.

château de la fée Morgane. Quand l'air est calme et que le soleil frappe les eaux de la Méditerranée sous un angle de 45°, les couches d'air échauffées donnent lieu au phénomène du

de lune, mais la lune et le ciel étaient voilés par des nuages qu'on eût dit éclairés par la lumière d'une aurore boréale. Paris, ses monuments, ses palais et son fleuve se montraient sur les nuages qui masquaient le ciel, mais renversés, comme cela aurait eu lieu si au-dessus de Paris on avait placé une immense glace. Le Panthéon, les Invalides, Notre-Dame, les palais du Louvre et des Tuileries étaient dessinés. Du pont des Arts on voyait, à l'ouest la Seine, les ponts, les flèches de Sainte-Clotilde, la place de la Concorde, les Champs-Élysées et le palais de l'Industrie, qui, argentés par la clarté lunaire, présentaient une image rosée d'un effet indescriptible. »

mirage. On voit se dessiner en l'air tous les objets placés sur la côte sicilienne, les bateaux donnent une ou plusieurs images droites ou renversées. Le peuple accueille ce spectacle aux cris de « Morgana! Morgana! » La fée Morgane était l'élève du célèbre enchanteur Merlin, dont nous parlerons dans un des chapitres suivants. « Elle aimait à errer au bord des rivières et des fleuves, à voler à leur surface sur un char traîné par des animaux marins; elle habitait même un palais au fond des eaux. » Par une coïncidence inexpliquée, on trouve chez les Arabes la croyance en *Margian*, enchanteresse dont le nom se rapproche singulièrement de cette Morgane qu'on vénérait en Gaule.

Rappelons, en terminant, que le mot mirage est passé dans le langage courant, et signifie une apparence séduisante et trompeuse. Le mirage, a-t-on dit, est plus trompeur encore à la ville qu'au désert. On lit dans le Coran, livre sacré des musulmans : « Les actions de l'incrédule sont semblables au mirage de la plaine ; celui qui a soif le prend pour de l'eau jusqu'à ce qu'il s'en approche et trouve que ce n'est rien. »

CHAPITRE III

LES COQS DE M. DE MESLAY

M. de Meslay. — Les prix académiques. — Un testament bizarre. — Le problème des longitudes. — Histoire anecdotique des coqs. — Les coqs au pôle nord. — Où commence l'année? — Le méridien universel.

Rouillé de Meslay, conseiller au Parlement de Paris, mourut en l'an 1715, après avoir fait un testament dont quelques clauses singulières donnèrent lieu à un procès des plus curieux.

Rouillé de Meslay aimait les sciences et, voulant qu'on s'occupât après sa mort des problèmes qui l'avaient intéressé pendant sa vie, il laissa à l'Académie des sciences une somme de 125 000 livres, à la condition que les rentes de cette somme seraient distribuées chaque année aux auteurs des meilleurs travaux qui auraient été faits sur certains sujets qu'il désignait expressément.

L'Académie des sciences, fondée en 1666 par Louis XIV, sur la proposition de Colbert, ne comptait alors que quelques années d'existence; ses ressources étaient insuffisantes, même pour faire exécuter les expériences dont la compagnie reconnaissait l'utilité. Le legs de Rouillé de Meslay mettait à sa disposition une somme importante dont elle pouvait profiter en partie, en même temps qu'il lui assurait une nouvelle et légitime influence sur les savants dont l'Académie était chargée d'apprécier et de récompenser les travaux.

Rouillé de Meslay fut le premier fondateur des prix académiques, et vous savez que sa généreuse pensée rencontra dans la suite de nombreux imitateurs.

Aujourd'hui les différentes académies, dont l'ensemble s'appelle l'Institut[1], ont à leur disposition des sommes importantes, qu'elles distribuent chaque année, en séance publique. Quelques-uns des prix académiques ont, outre leur valeur morale considérable, une valeur matérielle très importante; il suffit de citer, parmi les récompenses décernées par l'Académie des sciences : un prix de 100 000 francs légué par M. Bréant en faveur de celui qui donnera le moyen de guérir le choléra; trois prix de 10 000 francs chacun, donnés par M. Lacaze, et devant être décernés tous les deux ans aux auteurs des ouvrages qui auront le plus contribué aux progrès de la physiologie, de la physique, de la chimie, etc.

Vous ne devez donc pas ignorer les noms de ces généreux bienfaiteurs de la science : les Montyon, les Bordin, les Bréant, les Lacaze, les Poncelet et tant d'autres, qui, après avoir rendu mille services à leur pays durant leur vie, ont encore voulu continuer leur œuvre après leur mort; mais il ne faut pas ignorer non plus le nom de celui qui le premier donna ce noble exemple, le nom de Rouillé de Meslay.

Mais revenons au testament. Le fils de Meslay osa attaquer les dispositions prises par son père, déclarant que l'originalité de quelques-unes d'entre elles témoignait de la faiblesse d'esprit du testateur.

Le procès dura plusieurs années.

L'avocat du fils de Meslay signalait aux juges les dispositions suivantes : « Je veux, avait écrit Rouillé de Meslay, être inhumé sans bière ni cérémonie, ordonnant que tous les frais

1. L'Institut de France est divisé en cinq classes : Académie française, Académie des sciences, Académie des inscriptions et belles-lettres, Académie des sciences morales et politiques, Académie des beaux-arts.

mortuaires et services seront faits à l'instar des pauvres... »

Quoi! demander à être enterré sans faste, *à l'instar des pauvres;* mais c'est de la folie!

L'avocat signalait encore un grand nombre de legs peu considérables à ses domestiques, fermiers ou aux pauvres du voisinage, « sous la condition qu'ils s'abstiendraient de viande et de poisson pendant le reste de leur vie... Je regrette, disait de Meslay, de n'avoir pas gardé cette abstinence toute ma vie. » Ces legs et ces recommandations, disait le fils de Meslay, n'indiquent-ils pas un esprit fatigué?

Mais, le véritable but du procès étant de faire annuler les legs considérables laissés à l'Académie, c'est sur ce point que l'avocat dut insister le plus vivement. Quelles étaient donc les questions proposées au concours dans le testament de Rouillé de Meslay?

Deux prix devaient être décernés :

1° A l'auteur du meilleur ouvrage sur le mouvement des planètes, sur le principe de la lumière et des mouvements.

2° A celui « qui aurait le mieux réussi en une méthode courte et facile pour prendre les longitudes ».

Le véritable débat eut lieu, en justice, à propos de cette deuxième question. Avant d'aller plus loin, rappelons à nos jeunes lecteurs en quoi consiste ce problème des longitudes.

Le globe que nous habitons tourne sans cesse sur lui-même et fait un tour entier pendant un temps que nous avons appelé *jour.* Prenez une orange entre le pouce et l'index de la main gauche et, avec la main droite, faites tourner l'orange sur elle-même, de gauche à droite; vous aurez une représentation exacte du mouvement qui anime la terre. Instinctivement, afin que l'orange ne tombe pas, vous avez placé l'extrémité de vos deux doigts en deux points opposés du fruit. Ces deux points s'appellent pôles, d'un mot grec qui veut dire *je tourne.* Votre orange, en effet, *tourne* autour de ces deux points.

Au lieu de tenir l'orange, traversons-la en son centre par une longue aiguille et imprimons au fruit un mouvement de rotation, toujours dirigé de gauche à droite, image du mouvement de la terre. Faisons mieux, prenons un de ces globes que toutes les écoles possèdent aujourd'hui; il repose sur un support et peut tourner autour d'une tige qui passe par son centre. Ce globe, sur lequel vous voyez figurés les mers et les continents, c'est la terre elle-même, avec cette différence toutefois que notre planète n'a pas de support : elle est complètement isolée dans l'espace. Les points où la tige de fer perce le globe sont les pôles de la terre; la tige elle-même s'appelle ligne des pôles. De même que nous avons été obligés de supporter ce globe par un pied, tandis qu'en réalité rien ne supporte la terre, de même nous la faisons tourner autour d'une tige métallique, alors que cette ligne des pôles est, en réalité, invisible.

Chaque point du globe est entraîné dans le mouvement perpétuel dont notre terre est animée, et nous vous dirons, dans le chapitre suivant, avec quelle vitesse se meuvent, sans qu'ils en aient conscience, les différents habitants de notre planète. Chaque point parcourt un cercle qu'on appelle *parallèle;* ces cercles sont d'autant plus grands qu'on s'éloigne des pôles : le plus grand de tous s'appelle l'*équateur;* il sépare la terre en deux parties égales. Tous ces cercles sont tracés sur les mappemondes que vous avez entre les mains; de plus ils portent des numéros : à l'équateur vous voyez un zéro; le parallèle suivant, sur notre gravure, porte le chiffre 15; celui qui vient ensuite porte le chiffre 30, et ainsi de suite jusqu'au cercle du pôle, qui est tout simplement un point et qui est le 90e parallèle.

Sur la seconde mappemonde, vous apercevez des cercles verticaux qui coupent l'équateur et les parallèles, et sont tous partagés en deux parties égales par la ligne des pôles. Ces cercles s'appellent *méridiens*, de deux mots latins qui veulent dire *moitié du jour*, parce qu'il est midi dans une ville quand le soleil passe devant son méridien.

Les distances d'un parallèle à l'équateur, distances qui s'appellent *latitudes*, sont comptées sur les méridiens. On a divisé en 90 parties égales la portion du méridien qui va du pôle à l'équateur ; chacune de ces divisions s'appelle *degré*.

Le nombre de degrés qui indique la distance d'un parallèle à l'équateur est la latitude de ce parallèle. Tous les points d'un parallèle ont donc la même latitude. Ainsi les villes de

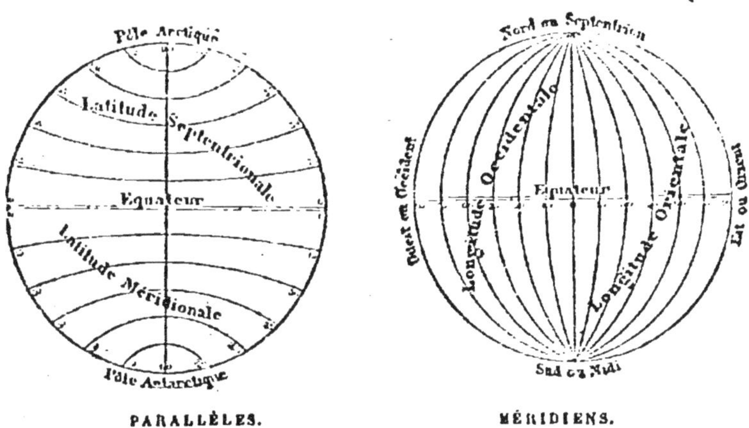

PARALLÈLES. MÉRIDIENS.

Padang (île de Sumatra), de Quito (Amérique), l'établissement français du Gabon (Afrique occidentale)... ont pour latitude zéro, c'est-à-dire que ces différents points sont à l'équateur même.

Bassorah (Turquie d'Asie), le Caire (Égypte), Hang-Rao (Chine), la Nouvelle-Orléans (États-Unis), ont la même latitude (30 degrés).

Paris est compris entre le 45e et le 50e parallèle ; sa latitude est de 48 degrés et demi environ.

Comme la distance de chacun des deux pôles de la terre à l'équateur a été partagée en 90 parties égales, quand on veut désigner un parallèle, il faut non seulement donner sa latitude, mais indiquer s'il se trouve du côté du pôle nord ou du pôle sud. On dit, par exemple, que la latitude de Paris est de 48 degrés et demi nord ou septentrionale.

Quand nous disons qu'une ville a une latitude de 30 degrés nord, cela ne nous suffit pas pour fixer sa position sur le globe, puisqu'il y a cent villes, situées sur le même parallèle et placées dans toutes les parties du monde, qui ont la même latitude. Il faut donner une indication de plus.

Le méridien sur lequel se trouve Paris coupe l'équateur en un point où l'on a marqué un zéro. On dit que tous les points de ce méridien ont zéro pour *longitude*. On a divisé l'équateur en 360 parties égales appelées degrés. Les cercles qui passent par ces différents points ont pour longitude : 5, 10, 15, 20..., degrés, suivant qu'ils coupent l'équateur à la 5e, 10e, 15e, 20e division; les divisions de l'équateur ne sont pas numérotées de 0 à 360, mais de 0 à 180 en allant à l'est et de 0 à 180 en allant à l'ouest *à partir du méridien de Paris.*

Ceci dit, je suppose qu'on veuille placer sur la mappemonde une ville dont la latitude est de 30 degrés nord et dont la longitude est de 20 degrés est. Je chercherai sur l'équateur, à partir du zéro et à l'est du méridien de Paris, la division 20. Le méridien qui passe par ce point contient la ville cherchée. A partir de l'équateur, je remonterai tout le long de ce méridien jusqu'à ce que je rencontre le parallèle de 30 degrés situé au nord. Le point de croisement du parallèle et du méridien sera la place de la ville.

On peut être étonné de voir diviser le cercle de l'équateur en 360 parties égales et le cercle méridien également en 360 parties (le quart du méridien, avons-nous dit, est divisé en 90 parties égales). Il semblerait, puisque nous avons adopté le système décimal, que l'on aurait dû, par exemple, diviser le quart du méridien en 100 parties et par conséquent le cercle entier en 400 parties. Cette division du cercle en 360 degrés remonte à la plus haute antiquité. Le nombre 360 était tenu en grand honneur autrefois. On croyait que le soleil accomplit sa révolution annuelle en 360 jours et l'on avait naturellement divisé le cercle qu'il parcourt en autant de parties. De même qu'on avait divisé l'heure en 60 minutes et la minute en 60 secondes, on partagea chaque degré en 60 parties appelées également minutes, mais qu'on distingue par ces mots *minute d'arc;* et chaque minute d'arc fut aussi divisée en 60 *secondes d'arc.* Quand on a établi le système métrique, on n'a pas osé toucher aux anciennes divisions du temps et des cercles.

Il n'est peut-être pas inutile d'indiquer l'origine des mots *longitude* et *latitude.* Les Romains, d'où nous viennent ces dénominations, ne connaissaient qu'une petite partie des continents qui existent sur la terre ; cette partie était beaucoup plus étendue dans le sens de l'équateur et des parallèles terrestres que dans le sens des méridiens ; de là le nom de longitude (*longitudo,* longueur) pour une distance qui se comptait dans le sens de la plus grande dimension du monde connu, et le mot de latitude (*latitudo,* largeur) pour une distance qui se comptait dans le sens de sa plus petite dimension.

Lorsque, dans le mouvement qui entraîne la terre de gauche à droite, le méridien d'un lieu passe devant le soleil, il est midi dans ce lieu-là. Les méridiens des différentes villes ne passent que l'un après l'autre devant le soleil : il n'est donc pas midi au même instant dans les différentes villes du globe. Vous savez en effet que l'heure varie d'une ville à l'autre, et dans les petits voyages que vous avez pu faire, vous avez sans doute remarqué que vos montres, réglées sur l'heure de Paris, avançaient ou retardaient sur l'heure de la localité dans laquelle vous étiez descendus.

Les horloges des villes situées à l'est du méridien de Paris avancent sur l'heure de Paris ; les horloges des villes situées à l'ouest retardent. Ainsi, quand il est midi à Paris, il est midi 21^{m} 36^{s} à Strasbourg et 11^{h} 44^{m} 27^{s} à Nantes.

La différence des heures marquées par les horloges de deux

villes peut du reste se calculer aisément quand on connaît la différence des longitudes de ces deux villes. Ainsi, quand le méridien de Paris passe devant le soleil, il est midi à Paris. Ce méridien va s'éloigner, emporté par le mouvement de la terre, et lorsqu'il se retrouvera le lendemain devant le soleil, vingt-quatre heures se seront écoulées. Chaque point de ce méridien aura décrit un cercle entier, c'est-à-dire 360 degrés. En une heure, un point de ce méridien aura donc parcouru $\frac{360}{24}$ ou 15 degrés. Donc, si l'horloge d'une ville avance sur celle de Paris d'une heure, on conclura que la longitude de cette ville est de 15 degrés est. Si l'on me dit, au contraire, que la longitude de Saint-Pétersbourg est de 30 degrés est, j'en conclurai qu'il est deux heures de l'après-midi dans la capitale de la Russie alors qu'il n'est que midi à Paris.

On comprend donc que pour déterminer la longitude d'une ville il suffirait de transporter un chronomètre de Paris dans la ville indiquée et de comparer l'heure marquée par ce chronomètre (qui, lui, *donne l'heure de Paris*) avec les indications des horloges de la ville.

Mais on comprend qu'il faut un bon chronomètre ne variant pas quand on le déplace, et en 1715, au moment où se passait notre histoire, on n'avait pas encore les chronomètres parfaits que nous possédons aujourd'hui. La détermination des longitudes sur terre et surtout sur mer occupait tous les savants. Philippe III d'Espagne avait promis 100 000 écus, les États de Hollande 100 000 florins, l'Angleterre 20000 livres sterling à qui pourrait déterminer la longitude en mer avec l'exactitude nécessaire aux marins.

Revenons, après cette parenthèse un peu longue, mais indispensable, au testament de Rouillé de Meslay.

L'avocat de Meslay fils ne pouvait soutenir que la question proposée au concours par Rouillé de Meslay manquait d'importance (ce que nous venons de dire prouve suffisamment que le problème avait un haut intérêt), mais il plaidait la folie du testateur, qui avait lui-même proposé une solution, laquelle, disait-il, témoigne de sa faiblesse d'esprit. Nos lecteurs vont en juger :

« Si nous prenons un coq, disait Rouillé de Meslay, un coq du Portugal par exemple, accoutumé de chanter à minuit, et si nous le transportons à Paris, il va continuer de chanter à l'heure qui correspond à minuit dans son pays; ce sera, je suppose, une heure du matin à Paris. On aura donc immédiatement la différence des heures des deux pays au même instant. »

Mᵉ Chevalier, l'avocat de l'Académie, répondait en ces termes aux sarcasmes de ses adversaires : « Tout le monde sait que, suivant les principes de la nouvelle philosophie de Descartes, tous les animaux sont des automates ou des machines dont la structure est parfaite... Si la structure de ce coq est telle qu'il doit chanter à la même heure qu'il chante dans le lieu où il est né, dans quelque partie du monde qu'il soit transporté, on aurait dans ce cas cette montre ou cette pendule que l'on cherche avec tant de soin pour reconnaître en mer l'heure qu'il est au point de départ. »

Cette idée des *coqs-horloges* vous fera certainement sourire, et le beau plaidoyer de Mᵉ Chevalier ne vous a probablement pas convaincus. Bien qu'un auteur tout moderne ait appelé le coq une *horloge à plumes*, vous avez compris tout de suite le peu de valeur scientifique du procédé de Rouillé de Meslay.

Cependant, de ce que le testateur avait émis une opinion sans doute originale, mais non dépourvue de sens après tout, il n'en résultait pas qu'il fût fou. C'est ce que jugea le Parlement. Le procès dura quatre années; au bout de ce temps, l'Académie eut gain de cause sur tous les points.

Lorsque M. de Meslay proposait sérieusement d'employer des coqs pour indiquer l'heure de leur pays, il se rappelait sans doute que l'exactitude avec laquelle ces animaux font entendre leur *coquerico*, les avait fait prendre par les anciens pour l'emblème de la vigilance et de l'activité. Les coqs chantent ordinairement trois fois par jour, à minuit, à deux heures et au point du jour. Ils poussent encore leur cri quand ils veulent plaire à leurs femelles ou bien quand ils les invitent à manger; dans ce dernier cas leur voix prend des inflexions plus douces. Ce cri, qui se traduit assez bien par le mot *coquerico*, a fait donner à cet animal le nom de coq. Ce que l'on sait moins, c'est que la fleur nommée *coquelicot* est ainsi appelée parce que ses pétales sont rouges comme la crête d'un coq. Notre substantif *coquetterie* vient également du mot coq et signifie désir de plaire, parce que le coq cherche toujours à se faire admirer de ses poules. On croit généralement que la maladie cruelle appelée *coqueluche*, et qui sévit souvent d'une manière épidémique sur les enfants, tire son nom du son particulier que présente la toux des malades : c'est une erreur. Le mot coqueluche rappelle seulement un capuchon qui portait ce nom et dont les médecins, il y a trois siècles, recommandaient de couvrir la tête des malades. Le mot coqueluche viendrait donc seulement du latin *cucullus*, qui veut dire chape, chapeau, capuchon. On sait que le mot coqueluche signifie encore *être le favori;* il est la coqueluche de son quartier, cela veut dire : *tout le quartier est coiffé* de lui. On comprend ce que signifie cette expression : être coiffé de quelqu'un, qui rappelle en même temps l'origine du mot coqueluche.

N'allez pas croire non plus qu'il y ait quelque rapport entre le mari de la poule et le cuisinier qui, à bord des navires, prend le nom de maître coq. Ce dernier nom, absolument identique à l'autre comme orthographe, vient d'un autre mot latin qui signifie cuisinier.

Les coqs ont leur légende. On raconte que le dieu Mars, ayant chargé son favori Alectryon de veiller à la porte de Vénus et l'ayant surpris endormi, le métamorphosa en coq afin de lui apprendre l'exactitude. Les premiers chrétiens avaient pris le coq comme l'un des emblèmes de leur religion et en particulier de leurs prêtres, qui, « dit saint Eucher, au milieu des ténèbres de la vie présente, s'appliquent à annoncer par leur parole, comme par un chant sacré, la lumière de l'éternité ». C'est pour cette raison que tous les clochers des églises sont surmontés d'un coq. Le coq rappelait d'ailleurs les fautes de saint Pierre, et généralement on place un coq entre saint Pierre et le Christ; le coq est encore l'emblème de la résurrection.

ESCULAPE ET SON COQ

« D'après les traditions orientales, chaque matin, dans le paradis de Mahomet, un coq sacré, d'une taille gigantesque, fait entendre un chant en l'honneur d'Allah, et les cris matinaux des coqs sur la terre ne sont que la répétition de ce chant. Lorsque arrivera le jour du jugement universel, ce coq fera entendre son cri pour la dernière fois. Mahomet a vu ce coq au premier ciel. Il est d'une blancheur plus éclatante que la neige, et d'une grandeur si surprenante que sa tête touche au second ciel, éloigné du premier de cinq cents années de chemin : c'est l'ange des coqs. Sa fonction principale est d'égayer Dieu tous les matins par ses chants et par ses hymnes. »

LES TROIS COQS SACRÉS.

C'est comme symbole de la vigilance que le coq était consacré à Esculape, dieu de la médecine, fils d'Apollon. Les Grecs sacrifiaient un coq à Esculape lorsqu'ils relevaient de maladie; quelques instants avant de mourir, le grand philosophe Socrate rappela à ses disciples qu'il devait un coq à Esculape, faisant allusion probablement à la mort, qui allait le guérir de tous les maux.

Dans la mythologie des peuples du Nord, on voit un dieu unique, Teut ou Esus, entouré de dieux secondaires qui sont oin de partager l'immortalité du premier, puisque leur chute st annoncée dans les prophéties druidiques. La déesse sibylle Vola nous apprend, en effet, qu'un jour viendra où tous les lieux périront, à l'exception du Père universel : ce sera, suivant l'expression même de la sibylle, *le crépuscule des dieux.* Quand le moment fatal appochera, leur voix deviendra nhabile à faire entendre des chants; l'éclat lumineux dont eur corps resplendit s'affaiblira progressivement... Alors on ntendra les trois coqs sacrés, habitant les trois mondes rincipaux, chanter et se répondre pour annoncer le *crépusule des dieux.* »

C'est à cause de leur tempérament belliqueux que nos ancêtres reçurent le surnom de coqs, en latin *gallus*, d'où est enu le mot Gaulois. On se rappelle qu'en 1789 le coq fut lacé sur la hampe de nos drapeaux, parce qu'il était l'oiseau u dieu Mars, le symbole du courage et de la vigilance.

Mais revenons à notre héros. On peut se demander si l'idée e M. de Meslay avait au moins quelque apparence de raison. ersonne, que je sache, n'a jamais tenté l'expérience, mais oici un fait qui est certainement curieux :

Il est bien certain que les longs jours, comme les longues uits, agissent sur les animaux. Un voyageur anglais, lord ufferin, avait pénétré dans les régions polaires; il avait nporté plusieurs animaux, parmi lesquels un coq, et voici qu'il observa :

A mesure que notre voyageur s'avançait vers le nord et que s nuits devenaient de plus en plus courtes, son coq se monait de plus en plus désorienté. « Il ne dormait pas cinq miates sans s'éveiller dans un état d'agitation nerveuse, comme il eût craint de laisser passer le point du jour et l'heure de n chant. Quand la nuit eut enfin complètement cessé de se produire, la constitution du pauvre animal fut ébranlée sans retour. Il fit entendre une ou deux fois une voix insolite et tomba dans un étrange malaise. Enfin, en proie au délire, il se mit à coqueter tout bas, comme s'il rêvait de grasses basses-cours; puis il s'élança tout à coup par-dessus le bord et trouva la mort dans les flots. »

Tous les animaux paraissent d'ailleurs éprouver de semblables angoisses : sous l'influence de ces constantes ténèbres, les chiens de Terre-Neuve du docteur Elisa Kane *devinrent fous et moururent.*

Puisque nous avons été amenés, à propos des coqs de M. de Meslay, à parler de la détermination des longitudes, complétons les notions sommaires que nous avons données par quelques indications curieuses.

Quand il est midi à Paris, les horloges de toutes les villes situées à l'est marquent une heure plus avancée; les horloges de toutes les villes situées à l'ouest ne marquent pas encore midi. Cela provient, nous l'avons dit, de ce que le solei *semble* tourner de l'est à l'ouest, et que l'heure de midi correspond, pour une ville, au passage du soleil au méridien de cette ville.

Donc le jour, et par conséquent l'année, ne commencent pa au même moment dans les différents pays du globe. Si un voyageur pouvait se transporter instantanément sur tous le points de la terre, il constaterait que, à la date du 23 janvie midi, à Paris par exemple, il est : le 23 janvier une heur sur le méridien de 15° est; 23 janvier 2 heures sur le méridien de 30° est; 23 *janvier minuit sur le méridien de* 18(*est.* Si notre voyageur faisait le tour de la terre en sens inverse, il constaterait qu'au même moment il est : le 23 janvie 11 heures matin sur le méridien de 15° ouest; 23 janvie 10 heures matin sur le méridien de 30° ouest; 22 *janvie minuit sur le méridien de* 180° *ouest.*

Or le méridien de 180° est *est le même* que le méridien de 180° ouest, et les villes qu'il renferme doivent donc appeler le même jour 22 janvier ou 23 janvier, suivant qu'elles ont été découvertes par des voyageurs arrivés par l'est ou par l'ouest.

Tout voyageur faisant le tour du monde en se dirigeant vers l'est, c'est-à-dire dans une direction opposée à la marche du soleil, se trouvera en avance d'un jour quand il reviendra à son point de départ; il eût été, au contraire, en retard d'un jour s'il avait accompli son voyage par l'ouest.

« C'est ainsi, dit M. Rousselet, qu'au XVIIe siècle le père Alphonse Sanctius, s'étant rendu de Manille, possession espagnole, à Macao, colonie portugaise, se disposa, le jour de son arrivée dans cette île, à dire les prières de la Saint-Athanase, qui se célèbre le 2 mai. Grand fut son étonnement et même son courroux lorsque les prêtres portugais l'avertirent que l'on avait célébré la veille la Saint-Athanase, et que, le jour présent *étant le 3 mai*, les prières à lire étaient celles en l'honneur de l'Invention de la Croix. Le brave Sanctius voulut accuser les Portugais d'hérésie; mais on parvint à le convaincre que l'on était vraiment au 3 et non au 2 mai, sans pouvoir cependant lui faire comprendre comment, pendant un voyage de quelques jours de Manille à Macao, il avait pu perdre une journée de son existence. »

Quelques auteurs assurent que ces différences de dates qu'on observe suivant qu'on voyage par l'ouest ou par l'est, ont donné naissance au dicton : Renvoyer quelqu'un à la *semaine des trois jeudis*. On sait que ce dicton veut dire : renvoyer indéfiniment quelqu'un; il a le même sens que cet autre dicton : Renvoyer aux calendes grecques. Il n'y avait pas de calendes chez les Grecs, pas plus qu'il n'y a de semaines renfermant trois jeudis. Voici l'explication un peu forcée qu'on a donnée de ce dicton : Deux voyageurs partent le même jour d'une même ville pour faire séparément le tour du monde; l'un va par l'ouest, l'autre par l'est; tous deux doivent se trouver à un jour fixé chez un ami commun D'après ce que nous avons déjà expliqué, le voyageur part par l'ouest dira en arrivant : « C'était hier jeudi. » Celui qu a fait le tour du monde par l'est dira : « Non, c'est demain jeudi. » Enfin, celui qui n'a pas voyagé dira : « C'est aujourd'hui jeudi. » Cette semaine-là semble donc avoir trois jeudis : de là le dicton. Nous donnons pour ce qu'elle vaut cette explication, en faisant observer qu'on dit aussi : *la semaine des quatre jeudis*, et que l'histoire précédente ne s'appliquerait pas à cette variante.

Mais dans quel pays commence le premier janvier?

La réponse, pour nous Français, est simple. Nous comptons les longitudes à partir du méridien de Paris, qui porte le numéro zéro. Il est midi quand le soleil passe à ce méridien, donc le jour a commencé au méridien qui porte le numéro 180° est.

Les différents peuples n'ont pas accepté le méridien de Paris comme origine des longitudes. Chaque peuple a fait passer l'amour-propre national avant les besoins de la science, et, par exemple, les Anglais comptent les longitudes à partir du méridien de Greenwich; pour eux, l'année commence sur le méridien de 180° à partir de celui de Grenwich. Les Américains ont adopté comme premier méridien celui de Washington; les Russes, celui de Poulkowa; les Hindous, celui de Oudjeïn... Pour ces différents peuples, l'année commence en des points différents du globe. La carte que nous avons placée sous vos yeux porte une ligne blanche qui indique, pour les différents peuples, les points où commence le 1er janvier.

Si nous prenons deux points très voisins, éloignés d'une demi-heure de temps, mais situés de part et d'autre de la ligne blanche, les habitants de la ville à l'est auront déjà vu s'écouler le premier quart d'heure du 1er janvier 1881, alors que les habitants de la ville à l'ouest ne compteront que onze heures quarante-cinq minutes du 30 décembre 1880. Les horloges n'accuseront qu'une différence d'une demi-heure, mais les calendriers auront un écart de *deux jours.*

Pour nous, Français, le 1er janvier commence au point où la ligne blanche coupe le méridien de 180° compté à partir

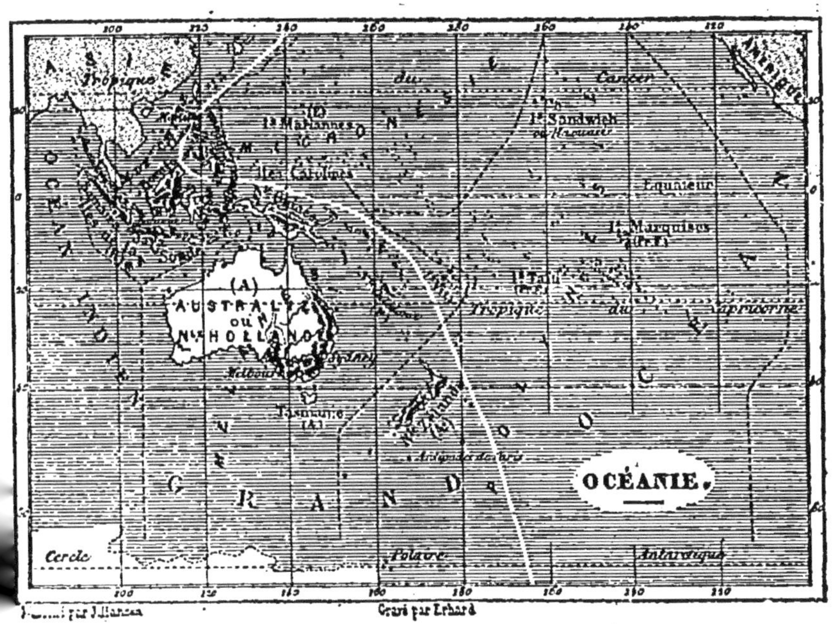

POINTS DU GLOBE OU COMMENCE L'ANNÉE.

de Paris. « Ce point est le groupe des îles Chatham que vous apercevez à l'est de la Nouvelle-Zélande et au-dessus du point figurant les antipodes de Paris. Ce sont donc les îles Chatham qui marquent pour nous la limite extrême de l'ouest, et c'est à leurs habitants que revient la curieuse prérogative de saluer les premiers l'avènement de chaque nouvelle année. »

Ajoutons enfin que pendant longtemps toutes les nations, sauf l'Angleterre, avaient adopté comme premier méridien, origine des longitudes, celui qui passe par l'île de Fer. Cette île fait partie du groupe des îles Canaries, placées à l'ouest de la côte d'Afrique. Une ordonnance de Louis XIII, en 1634. avait imposé ce méridien à la France; mais la situation géographique mal définie de cette île le fit abandonner. Seuls les Allemands comptent encore leurs longitudes à partir de l'île de Fer. Au moment même où nous écrivons, des tentatives sont faites dans le but d'adopter un méridien unique pour les différents peuples. On parle du méridien qui passerait au nord par le détroit de Behring, traverserait Venise, Rome et couperait l'Afrique par le milieu. Il faut espérer qu'une entente aura lieu entre les divers pays, et que la confusion des méridiens, actuellement existante, ne tardera pas à disparaître.

CHAPITRE IV

LE TOUR DES MONDES

La terre est ronde. — La circonférence de la terre. — La circonférence du soleil et des planètes. — Tour de la terre, à pied, à cheval, en vélocipède, en chemin de fer. — Durée du jour sur les planètes.

Que de fois j'ai répété machinalement cette première phrase de mon livre de cosmographie : « La terre a la forme d'un globe ou d'une boule immense, » sans prêter grande attention à cette affirmation qui me semblait naturelle.

Je n'appris que plus tard que ce fait, en apparence si simple, n'était pas si naturel que je l'imaginais, et j'en eus une preuve bien frappante quand, lisant les œuvres des philosophes de l'antiquité, je m'aperçus que la plupart d'entre eux avaient les idées les plus fausses sur la forme de la terre.

Les premiers hommes pensaient que la terre est une table plate, limitée de tous les côtés par la calotte céleste, à laquelle elle servait de support. Et la preuve que cette idée était plus naturelle que l'idée d'une terre arrondie, c'est qu'elle fut spontanément admise par nos ancêtres. Aucune observation n'avait évidemment guidé les premiers peuples, car je n'accepte pas cette prétendue déclaration d'un savant de ces temps reculés qui affirmait être allé au bout du monde et là avoir été obligé de se baisser, à cause de l'union du ciel et de la terre.

La terre est ronde, en dépit d'Hercule, qui prétendait avoir atteint les limites de la terre et qui avait fait construire les magnifiques colonnes qui portent son nom et sur lesquelles on avait inscrit ces mots : « On ne peut aller au delà. » La terre est ronde, en dépit de ces philosophes anciens qui la déclaraient cylindrique, carrée, ovale...

La terre est ronde, et nous en trouvons la preuve en observant les navires qui disparaissent à l'horizon ou en contemplant sur le disque de la lune l'ombre de la terre au moment des éclipses. Mais on conviendra que ce fait méritait bien d'être quelque peu souligné.

Quand on a été renseigné sur la forme générale de notre terre, on a immédiatement cherché les dimensions de ce globe, c'est-à-dire son rayon et la longueur de sa circonférence. La circonférence de la terre, c'est la longueur de la ligne à laquelle nous avons donné le nom de méridien ; le rayon de la terre, c'est le rayon de ce même cercle méridien, c'est-à-dire l'écartement du compas avec lequel il serait tracé. Quand on connaît la circonférence d'un cercle, on en déduit son rayon. Il y a un peu plus de six rayons dans une circonférence. Le rapport constant qui existe entre une circonférence et son diamètre est exprimé en arithmétique et en géométrie par la lettre grecque π (pi). Sa valeur est représentée par le nombre décimal : 3,1415926535......

L'histoire des expéditions qui ont été entreprises pour déterminer la longueur d'un méridien terrestre est extrêmement curieuse, et nous vous la raconterons quelque jour. Qu'il nous suffise aujourd'hui de dire que cette longueur est de 40 000 000 (quarante millions) de mètres. On se rappellera d'autant plus facilement ce nombre que l'unité de nos mesures de longueur, le mètre, a été précisément déduite de la longueur de la circonférence de la terre. Le mètre, c'est la dix-millionième partie du quart du méridien terrestre, ou encore la quarante-millionième partie du méridien entier : le méridien contient donc 40 millions de mètres.

Le rayon de la terre a une longueur de 6366 kilomètres, un peu plus de 1500 lieues de 4 kilomètres[1].

La circonférence de la terre, 40 000 000 de mètres ou 10 000 lieues de 4 kilomètres, a, comme on le voit, des dimensions considérables. Cette énorme distance sera bien mieux appréciée par notre esprit si nous la comparons à des distances qui nous soient plus familières.

Nous savons, par exemple, que la distance de Paris à Marseille est de 860 kilomètres, c'est-à-dire de 215 lieues; si donc sur la circonférence de la terre on avait placé des bornes distantes l'une de l'autre de la même longueur qui sépare Paris de Marseille, il faudrait atteindre et même dépasser la quarante-sixième borne avant d'avoir terminé le voyage.

Prenons un autre terme de comparaison. Le périmètre actuel de la ville de Paris a une longueur de 36 kilomètres environ. La circonférence de la terre est donc 1110 fois plus grande que ce périmètre, et il faudrait faire ce même nombre de fois le tour de Paris pour avoir parcouru une distance égale à celle de la circonférence terrestre.

Au temps où l'on plaçait la terre au centre de l'univers, il était presque naturel de penser que notre globe était le plus considérable de ceux qui gravitent dans l'espace. Cela semblait d'autant plus évident, que tous les autres mondes, Soleil, Lune, Planètes, nous font l'effet de simples points lumineux. Sans doute on savait bien que ces astres sont plus gros qu'ils ne paraissent, que leur petitesse n'est qu'apparente et due à leur immense éloignement; toutefois on n'avait aucune indication sur leurs dimensions réelles. On nous raconte que le philosophe Anaxagore fut persécuté pour avoir osé affirmer

1. Lorsqu'on exprime les distances en lieues, il faut toujours avoir soin d'indiquer de quelle lieue il s'agit. On connaît, en effet : la *lieue commune*, qui est de 4^{k}414; la *lieue marine*, 5^{k}555; la *lieue de poste*, 3^{k}898; les lieues de Paris, de Beauce, de Bretagne, etc.... Il y a la lieue d'Angleterre, 5^{k}569; la lieue d'Espagne, 7^{k}066... Nous parlerons toujours de la *lieue kilométrique*, dont la longueur est exactement de 4 kilomètres.

que le Soleil était plus grand que le Péloponnèse ! Disons, en passant, qu'Anaxagore enseignait, comme les Hébreux, l'existence d'un seul Dieu, et que cette affirmation, déclarée hérétique, le fit condamner à mort. Au moment où la sentence fut prononcée, il se contenta de dire : « Il y a longtemps que la nature m'avait condamné à mourir. » Sa peine fut commuée en celle de l'exil.

Ce Soleil, qu'il paraissait exagéré de comparer au Péloponnèse, a un rayon de 173 000 lieues ! Sa circonférence a 1 087 500 lieues ! c'est-à-dire une longueur 108 fois et demie plus grande que la circonférence de la terre. Cet énorme soleil, disons-le en passant, n'est pas plus gros que certaines étoiles ; celles-ci, extrêmement éloignées, doivent à cette distance leur apparente petitesse. Si nous nous transportions dans chacune des planètes, le Soleil nous apparaîtrait d'autant plus petit que nous nous éloignerions de lui. Ainsi, dans Mercure et dans Vénus, qui sont plus près que la Terre du Soleil, l'astre radieux paraîtrait beaucoup plus gros que sur notre planète. Sur Mars, Féronia, Jupiter, etc., mais surtout sur Uranus et Neptune, le Soleil ne se distinguerait pas, par ses dimensions, des autres étoiles.

La Lune est beaucoup plus petite que la Terre ; sa circonférence n'a que 10940 kilomètres, le quart environ de celle de la terre.

Parmi les planètes, Mercure, Vénus, Mars sont moins gros que notre globe. Au contraire, il faut multiplier la circonférence terrestre par 4 pour avoir celles d'Uranus et de Neptune ; par 9, pour connaître celle de Saturne ; par 11, pour avoir celle de Jupiter ! Jupiter est un monde immense ; c'est après Vénus la planète la plus brillante du ciel. Combien elle jetterait un éclat plus vif encore si elle était rapprochée de nous à la distance de Vénus !

Ces quelques résultats étant connus, il suffira d'un calcul très simple pour appliquer à tous ces mondes les observations que vont nous suggérer les dimensions de la terre.

Beaucoup de voyageurs ont fait le tour du monde; nous savons même qu'en quatre-vingts jours on peut accomplir ce curieux voyage. Nous ajouterons qu'il est possible aujourd'hui de diminuer encore sensiblement la durée de la route. Voici l'itinéraire qu'on peut suivre :

De Paris à New-York (chemin de fer et bateau)....	11 jours.
De New-York à San-Francisco (chemin de fer). ...	7 —
De San Francisco à Yoko-Hama (bateau à vapeur)..	21 —
De Yoko-Hama à Hong-Kong (bateau à vapeur)....	6 —
De Hong-Kong à Calcutta (bateau à vapeur.......	12 —
De Calcutta à Bombay (chemin de fer)............	3 —
De Bombay au Caire (bateau à vap. et chemin de fer).	14 —
De Caire à Paris (bateau à vapeur et chemin de fer).	6 —
Total..........	80 jours.

« Sur cet immense parcours, fait observer M. Deharme, il n'y a que 140 mille anglais, entre Allahabad et Bombay, que l'on soit obligé de parcourir sans se servir de la vapeur ; mais cette lacune sera bientôt comblée, car on travaille à l'établissement d'un chemin de fer. »

Nous venons de voir que ce grand voyage se faisait avec tous les moyens de locomotion qu'on peut se procurer. Cherchons combien de temps les divers véhicules connus mettraient pour parcourir les 10000 lieues du tour du monde.

Mais, auparavant, nous allons affirmer un fait qui va bien surprendre nos lecteurs : tous les jours, chacun de nous fait le tour du monde sans en avoir conscience. Je m'explique. La terre tourne sur elle-même et accomplit en vingt-quatre heures une révolution complète. Les habitants de la terre sont entraînés dans ce mouvement et font, comme je vous l'annonçais, le tour du monde en un jour; seulement ils ne se déplacent pas les uns par rapport aux autres et n'aperçoivent jamais que le coin de terre sur lequel ils se sont fixés. Si nous pouvions nous élever suffisamment au-dessus de la terre, de façon à ne plus participer au mouvement qui anime notre planète, nous apercevrions ce globe immense en mouvement; nous verrions passer sous nos yeux avec une vitesse vertigineuse les mers et les continents. Ne vous semble-t-il pas qu'il suffirait de s'élever en ballon à une grande hauteur pour apercevoir ce curieux spectacle? Ce serait une erreur de le croire. Le ballon se meut dans cette atmosphère gazeuse qui entoure la terre et que nous nommons l'*air;* cet air participe lui-même au mouvement de notre globe, et le ballon qui porterait nos curieux voyageurs continuerait à tourner avec la terre tout comme s'il était resté à sa surface. Mais cette atmosphère n'est pas indéfiniment élevée ; elle n'a, disent les savants, que 50 kilomètres au plus de hauteur; ne pourrions-nous pas dépasser en ballon ces 50 kilomètres et voir tourner le globe au-dessous de nous? Nos lecteurs ont compris tout de suite que dans ces conditions la vie serait impossible pour l'homme et les animaux qui ont essentiellement besoin d'air pour respirer. Bien avant cette limite les voyageurs seraient morts asphyxiés.

Nous sommes donc fatalement destinés à tourner avec la terre; mais les habitants des diverses régions du globe ne sont pas emportés avec la même vitesse. La terre étant sphérique et tournant autour de l'un de ses diamètres, chaque point du globe décrit un cercle qu'on nomme *parallèle*, dont la circonférence va en diminuant depuis l'équateur jusqu'aux pôles. Les habitants de l'équateur parcourent en un jour la plus longue distance: leur vitesse est donc la plus considérable. Évaluons cette vitesse: Un point de l'équateur parcourt précisément la circonférence terrestre, 10000 lieues en 24 heures: cela donne donc une vitesse de 417 lieues par heure. Les habitants des pôles, si les pôles étaient habités, seraient au contraire immobiles. Les habitants de Paris sont entraînés, sans en avoir conscience, avec une vitesse de 273 lieues à l'heure; les habitants de Newcastle, situés sur le parallèle de 55 degrés, sont animés d'une vitesse de 238 lieues à l'heure.

La surface de la terre est aux trois quarts recouverte par les eaux; supposons-la cependant entièrement formée d'une couche solide et cherchons en combien de temps l'homme, les animaux, les machines perfectionnées que nous possédons, parcourraient sa circonférence.

Il est bien difficile d'évaluer avec quelle vitesse un homme, soit dans la marche, soit dans la course, effectuerait un parcours déterminé, surtout si ce parcours est considérable. Sans tenir compte même des repos obligés, d'excellents marcheurs ou coureurs ne pourraient fournir avec la même vitesse une carrière un peu longue. Il y avait autrefois au Champ de Mars des courses de vitesse pour les hommes, et dans un procès verbal que j'ai sous les yeux on apprend que, le 4 vendémiaire an VII, jour de l'anniversaire de la République, le vainqueur avait parcouru une distance de 251 mètres en 32 secondes, à raison par conséquent de 8 mètres environ par seconde, 7 lieues à l'heure! Il est bien vrai que ce nouvel Achille aux pieds légers aurait été absolument incapable de prolonger l'épreuve durant plusieurs minutes; la vitesse dont il était animé lui aurait permis de faire le tour du monde en 59 jours. Un marcheur ordinaire, ne parcourant que $1^{m},60$ par seconde, ferait le tour du monde en 289 jours, en supposant, bien entendu, qu'il ne prenne jamais ni nourriture, ni repos. Nous pouvons nous rapprocher un peu plus de la réalité en rappelant les exploits du capitaine Barclay, qui fournit une marche de 41 jours. C'était en juillet 1809; Barclay paria 3000 livres sterling (75 000 fr.) qu'il parcourrait en 1000 heures consécutives un espace de 1000 milles (402 lieues) : 41 jours et 41 nuits de marche non interrompue!... Le pari fut gagné, et le retour du capitaine Barclay salué par les cloches sonnant à toute volée. J'imagine que notre voyageur n'aurait pas volontiers recommencé immédiatement sa course; pour faire le tour de la terre, il lui aurait fallu 1000 jours, trois ans à peu près.

Les peuples anciens honoraient d'une manière spéciale les exercices du corps. Il y avait particulièrement en Grèce d'excellents coureurs, qui jouissaient d'une grande renommée. On cite « Hermogène, qui fut baptisé du surnom flatteur de *cheval*. Lasthène le Thébain, qui battit un de ces quadrupèdes dans le trajet de Coronée à Thèbes; Polymestor, jeune chevrier de Milet, qui attrapait un lièvre à la course. » Les coureurs étaient nus.

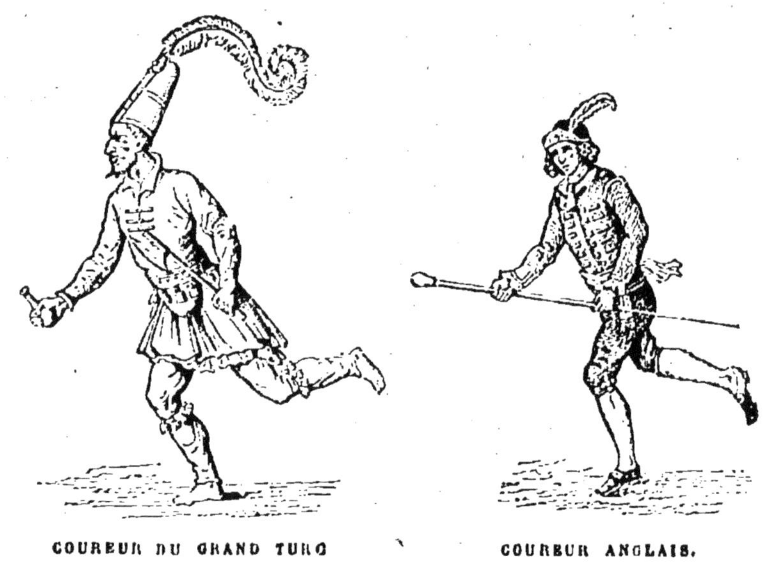

COUREUR DU GRAND TURC — COUREUR ANGLAIS.

« Le Grand-Turc, dit M. Depping, entretenait toujours 80 ou 100 coureurs nommés *peichs* (laquais), qui précédaient leur maître, allant, sautant et cabriolant avec une agilité surprenante, sans reprendre haleine... Leurs pieds étaient nus. Cette partie de leur corps était tellement endurcie et calleuse qu'ils se faisaient ferrer comme les chevaux, au moyen de petits fers très légers; ils portaient toujours dans la bouche de petites balles d'argent, creuses et percées de trous, qu'ils mordillaient, ainsi que les chevaux mâchent leur mors; en outre, leurs ceintures et leurs jarretières étaient garnies de clochettes et de grelots... »

En France, en Angleterre, chaque seigneur avait autrefois un coureur. Notre gravure représente un coureur de l'aristocratie anglaise. Il tient à la main « un bâton de cinq ou six pieds de longueur, terminé par une boule de métal, ordinairement en argent. Cette capsule, servant à la fois de garde-manger et de cellier, renfermait leurs provisions de bouche, des œufs durs et un peu de vin blanc... Leur costume consistait en une casaque de jockey, en un pantalon de toile blanche sur lequel la chemise était quelquefois relevée, et en une toque ou casquette de soie ou de velours.

« L'ambition de ces coureurs, ajoute M. Depping, était de battre un cheval à la course. Le duc de Marlborough, conduisant lui-même un phaéton à quatre chevaux, fut battu par un coureur, dans le trajet de Londres à Windsor; mais le vainqueur eut le sort de quelques-uns de ses pareils dans l'antiquité : en arrivant au but, il tomba pour ne plus se relever. »

La plus grande vitesse que puisse prendre un cheval de course ne dépasse pas 14 mètres par seconde, et il est évident que dans ces conditions la course devrait être de courte durée. Si nous admettions cependant que, d'un seul trait, le meilleur de ces chevaux pût parcourir la circonférence de la terre, il lui faudrait employer 36 journées environ. Au grand pas, avec une vitesse de 2 mètres par seconde, le temps nécessaire à un cheval pour parcourir cette même distance serait six fois plus grand, c'est-à-dire 220 journées environ.

Un boulet de canon peut franchir 500 mètres par seconde; il ferait donc le tour de la terre en 22 heures.

Depuis quelques années on utilise le *vélocipède*, qui permet à l'homme de se mouvoir avec une grande vitesse. On évalue à 10, 15, 30 et même 40 kilomètres la distance qu'un vélocipède peut parcourir en une heure, à la condition que le sol sur lequel il roule soit parfaitement uni. Dans ce cas, un homme monté sur un vélocipède ferait le tour de la terre en 1000 heures, soit 42 jours.

Nos locomotives, selon qu'elles sont attelées à des trains omnibus ou à des trains express, marchent plus ou moins vite. Tandis que dans le premier cas elles ne parcourent que 9 lieues à l'heure, lancées à grande vitesse elles dépassent 20 lieues dans le même temps. Ainsi, aux États-Unis, le *News papers train*, qui fait le service des dépêches et des journaux entre Jersey et Trenton, parcourt en moyenne 93 kilomètres à l'heure. On ajoute même que ce train, au moment

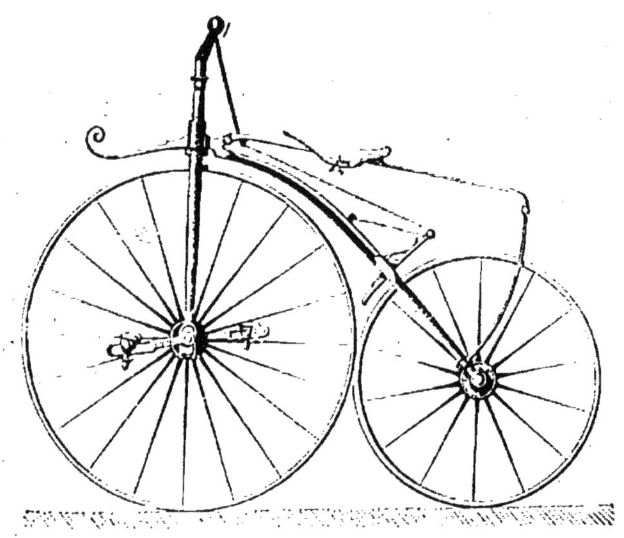

VÉLOCIPÈDE.

où il quitte la station de New-Brunswick, conserve pendan quelques minutes l'effrayante vitesse de 135 kilomètres l'heure. Toutefois il faut dire que le parcours de ce train es assez faible. C'est en Angleterre que les locomotives ont jusqu'à ce jour atteint la plus grande vitesse sur des parcour étendus : 80 kilomètres à l'heure. Depuis quelques mois o a organisé en France deux trains rapides allant, l'un de Pari à Bordeaux, l'autre de Paris à Marseille, et animés d'une vi esse moyenne de 72 kilomètres à l'heure. Il n'y a pas évi-lemment de raison pour que nos locomotives soient infé-ieures en rapidité à celles de l'Angleterre; cependant nos voyages sont toujours relativement plus longs, à cause des tations nombreuses d'arrêt et des temps perdus aux buffets. e veux parler, bien entendu, des temps perdus au point de vue le la rapidité du voyage. Nous espérons que nos compagnies, mitant ce qui se fait depuis longtemps aux États-Unis, ins-alleront bientôt un buffet dans le train lui-même.

Vous savez que le son et la lumiere mettent des temps dif-érents à parvenir d'un point déterminé jusqu'à nous. La vi-esse de la lumière est beaucoup plus considérable que celle u son, et vous en avez un exemple frappant lorsque, par un iel orageux, le tonnerre se fait entendre. Avant de percevoir bruit déterminé par cette forte étincelle électrique qui con-titue le phénomène du tonnerre, nous sommes prévenus de a détonation par l'apparition de l'éclair. L'étincelle élec-rique a déterminé simultanément un phénomène lumineux t un bruit violent; l'éclair nous apparaît tout d'abord, pré-isément à cause de la plus grande vitesse de la lumière. Ainsi, andis que le son ne parcourt en une seconde que 330 mètres, lumière franchirait pendant le même temps une distance e 75000 lieues! Si donc un son produit à l'un des pôles pou-ait se faire entendre à l'autre pôle et revenir à son point de épart, il n'aurait mis qu'une seule journée à effectuer ce ng chemin. La lumière, de son côté, en une seule seconde, urait parcouru sept fois et demie la circonférence de la rre.

Résumons en un tableau les résultats divers auxquels nous ommes parvenus, et que l'on saisira mieux peut-être par un oup d'œil d'ensemble.

La terre est un globe sphérique dont la circonférence a

10000 lieues. Pour parcourir cette distance, pour faire, comme l'on dit, le tour du monde :

Un homme (marcheur ordinaire) mettrait		289	jours.
Un cheval (grand pas : 2m par seconde	—	220	—
Un homme (vitesse : 8m par seconde)	—	59	—
Un cheval (course : 14m par seconde)	—	33	—
Locomotive (100 kilomètres à l'heure)	—	17	—
Son (330m par seconde)	—	24	heures.
Boulet de canon (500m par seconde)	—	21	—
Électricité (72 000 lieues par seconde)	—	1/7	de seconde
Lumière (75 000 lieues par seconde)	—	Idem.	

CHAPITRE V

CURIOSITÉS MÉCANIQUES

A l'Exposition universelle de 1878. — Arbres et poulies. — Les ascenseurs. — Les machines imaginaires. — La machine à coudre. — Les épingles. — Machine à écrire. — La poupée nageuse. — Jouets mécaniques. — La boîte à musique. — L'orgue de Barberi. — Le pianista. — La plume électrique.

Vous souvenez-vous encore de cette belle galerie des machines qui faisait à l'Exposition de 1878 l'étonnement et l'admiration de tous les visiteurs? La salle, haute de 24 mètres, ne mesurait pas moins de 650 mètres dans sa longueur et de 35 mètres dans sa largeur. J'ai tort de dire la salle, je devrais dire *les salles*, car deux galeries parallèles, disposées de chaque côté du palais du Champ de Mars, étaient affectées : l'une aux machines françaises, l'autre aux machines étrangères.

Au milieu de la galerie, j'aperçois un ascenseur qui, doucement, sans fatigue, nous élève jusqu'à la partie supérieure de la salle. Confions-nous à cet ascenseur, sur la foi du fabricant, qui nous prouve que son appareil ne présente aucun danger. Nous voici parvenus à la plate-forme supérieure; jetons un coup d'œil d'ensemble sur cette ruche en pleine activité. Quel bruit! Quel mouvement!

Aussi loin que s'étend le regard on aperçoit des poutres métalliques, qu'on appelle des *arbres*, disposées horizontalement dans toute la longueur de la galerie et animées d'un mouvement de rotation sur elles-mêmes. De distance en distance, des roues appelées *tambours*, fixées sur ces arbres, sont entraînées par le mouvement des arbres. D'immenses courroies, fixées sur les tambours, les relient à d'autres tambours placés à un niveau inférieur, et également attachés sur des arbres mobiles.

La gravure ci-dessous, qui représente une scierie mécanique, vous fera bien comprendre l'usage de ces courroies : La

SCIERIE MÉCANIQUE.

poutre supérieure, en tournant, entraîne les tambours qui sont fixés sur elle ; les courroies communiquent ce mouvement à d'autres tambours placés plus bas, et ceux-ci, à leur tour, entraînent l'arbre auquel ils sont attachés. Remarquez que les seconds tambours se meuvent tantôt dans le même sens que les premiers, tantôt en sens contraire. Il suffit, pour obtenir l'un ou l'autre de ces mouvements, de faire passer la courroie par-dessus ou par-dessous le second tam-

GALERIES DES MACHINES A L'EXPOSITION UNIVERSELLE DE 1878.

bour : dans le premier cas, les deux cordons sont preque parallèles; ils se croisent au contraire dans le second cas. Ce sont les seconds tambours qui seront utilisés dans chaque industrie spéciale pour obtenir les mouvements dont on aura besoin.

Un mot d'abord sur l'ascenseur lui-même. Le principe de tous les ascenseurs est le même : la cage qui reçoit les voya-

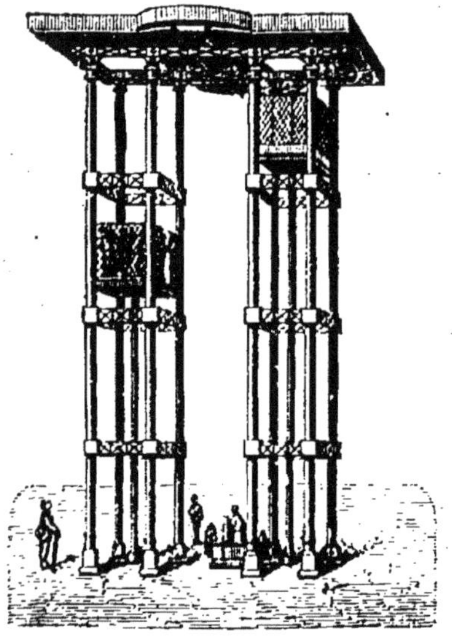

ASCENSEUR.

geurs est soutenue par une longue tige cylindrique, très résistante, faisant piston et dont la pression détermine le mouvement ascensionnel de la cage. Le mouvement du piston était à l'origine communiqué par un petit moteur à gaz ; aujourd'hui on emploie indifféremment l'eau ou la vapeur comme moteur. Un terrible accident, arrivé il y a quelques années à l'ascenseur du Grand Hôtel à Paris, a provoqué de nombreux perfectionnements dans la construction de ces appareils : c'est ainsi qu'on a ajouté une poulie de sûreté qui permet aux voyageurs de s'arrêter immédiatement et de rester suspendus, quand bien même l'appareil viendrait à se rompre.

Avant d'énumérer les curieuses machines dont dispose l'industrie moderne, signalons celles qui n'existent pas et dont on parle cependant à tout propos. N'avons-nous pas entendu parler d'une machine assurément originale dans laquelle il suffisait de déposer un lapin vivant pour obtenir, après quelques tours de roue, tout à la fois des civets et des chapeaux! On a annoncé sérieusement la découverte d'une machine appelée *télégastrographe*, grâce à laquelle on peut boire et manger à plusieurs lieues de l'endroit où se trouvent les aliments à consommer. Je copie textuellement : « Le plat est dans un récipient en communication avec une puissante batterie électrique à laquelle sont attachés autant de fils que de convives... A l'heure indiquée pour le repas, chaque invité place l'extrémité du fil dans sa bouche et goûte pleinement la saveur du mets placé à l'autre extrémité du fil. » Je doute que les estomacs des convives soient de la sorte suffisamment rassasiés.

D'ailleurs, nous n'en finirions pas si nous voulions mentionner toutes les machines et tous les appareils imaginaires dont cependant il est à chaque instant question dans la conversation et dans les livres.

La faux du Temps ne se trouve pas dans les sections agricoles ; dans la galerie des vêtements et des tissus, on cherche en vain la robe de Nessus, le fil de la Parque ou celui d'Ariane. La magnifique collection des meubles français, un des attraits de l'Exposition, ne contient pas ce fameux lit de Procuste sur lequel tant de gens se prétendent placés. Et le cercle de Popilius? Et la baguette de Circé? Sur les merveilleuses photographies de la Lune dues à l'astronome anglais Rutherfurd, nous avons admiré les montagnes, les volcans, mais sans trouver ces fameux trous que font, paraît-il, les caissiers au moment où ils quittent brusquement leur bureau pour gagner la Belgique. Nos aquariums ne contiennent ni le fameux poisson d'avril, ni la curieuse anguille de Melun qui crie avant d'être écorchée...

Laissons donc dans leurs demeures imaginaires tous ces mythes auxquels notre langage courant donne un semblant d'existence, et passons en revue les vraies machines, qui excitent à bon droit notre curiosité.

MACHINE A COUDRE.

Parlerai-je de la machine à coudre, représentée sur notre dessin et que tous nos lecteurs connaissent? Bornons-nous à dire qu'elle a été, dans ces derniers temps, très heureusement perfectionnée. Le mouvement des pédales fatiguait, à la longue, les ouvrières qui se servaient d'une manière continue de cette machine; on a remplacé l'action des pieds par celle d'un petit moteur mis indifféremment en marche par l'eau, la vapeur ou les gaz comprimés. Excellente idée! car si nous admirons volontiers les machines qui économisent le temps ou la main-d'œuvre, nous admirons plus encore celles qui évitent une peine ou une fatigue à l'ouvrier.

On vient même, tout récemment, d'imaginer des machines à coudre mises en mouvement par des chiens. Le poids seul de l'animal agit sur une bascule et détermine le mouvement de la roue. Le chien, se sentant glisser, marche sur place et entretient ainsi le mouvement. Une écuelle placée devant le chien lui permet de boire quand il se repose.

Existe-t-il un objet de moins d'importance qu'une épingle? Personne n'en fait cas, et il n'est peut-être aucun d'entre vous qui consente à se baisser pour en ramasser une. Ce fut pourtant une épingle qui fit la fortune du banquier Laffitte. On raconte que Laffitte, venu sans ressources à Paris, alla demander une place dans les bureaux du banquier Perregaux. Il fut éconduit. « Comme il traversait la cour de l'hôtel, il aperçut à terre une épingle, qu'il s'empressa de ramasser. Perregaux vit le jeune homme piquer avec soin cette épingle au dedans de son habit, fut frappé de cette preuve d'ordre et d'économie, le rappela et lui donna l'emploi qu'il lui avait refusé. » On connaît la suite de l'histoire : l'employé laborieux vit d'année en année augmenter ses faibles appointements; en 1790 il gagnait trois mille francs et en 1800 il était choisi par Perregaux comme son successeur. Laffitte devint successivement régent de la Banque de France, président du tribunal de commerce de la Seine, gouverneur de la Banque, député...

Cette épingle, dont la valeur est pour ainsi dire nulle et que Laffitte ramassa si heureusement, doit passer entre les mains de *quatorze* ouvriers avant de nous parvenir; et encore on donne au premier ouvrier le fil de laiton tout préparé. (On sait que le laiton ou cuivre jaune est un alliage de cuivre et de zinc qu'on obtient en fondant les deux métaux dans de grands creusets.) Le fil de laiton doit être redressé, empointé, découpé ; il faut faire la tête, couper la tête, recuire la tête, etc...; décaper les épingles, les étamer, les sécher, etc...; en somme, quatorze ouvriers doivent s'occuper de cette modeste épingle. On vient d'imaginer une machine qui effectue à elle seule toutes ces opérations : un fil de laiton est enroulé sur une bobine; la machine le déroule, le coupe, aplatit une des extrémités en même temps qu'elle aiguise l'extrémité opposée. Est-ce tout? Une seconde machine placée à côté de la première reçoit les épingles à mesure qu'elles sont formées, et elle vous les rend piquées par rangées horizontales sur une feuille de papier carton. En un instant, la tige de laiton, transformée en épingles, est prête à être livrée au commerce, par feuilles de 40 épingles. Une seule ouvrière peut faire 30 000 épingles à l'heure!

On a imaginé un grand nombre de machines plus curieuses les unes que les autres : on en voit qui découpent le savon et le pèsent; d'autres transforment une plaque de liège en bouchons, font instantanément des sacs...; d'autres prennent un rouleau de papier sans fin, long de plusieurs kilomètres, le saisissent, le coupent, l'impriment, le plient de manière à pouvoir être mis sous bande et indiquent, pardessus le marché, le nombre des exemplaires obtenus; d'autres machines enfin se chargent d'écrire pour nous. Arrêtons-nous un instant sur ce sujet.

On ignore généralement que le métier d'écrivain est parfois un pénible métier.

Le littérateur n'a fait qu'une minime partie de sa tâche lorsqu'il a trouvé une idée originale et qu'il a groupé autour d'elle tous les détails accessoires qui doivent la mettre en relief. Il faut encore *écrire* le roman, le poème ou le mémoire scientifique. Cette partie matérielle de l'œuvre est le revers de cette belle médaille qui s'appelle l'inspiration. Je ne parle pas seulement des difficultés qu'on éprouve à rendre sa pensée d'une manière nette, claire, élégante. Si vous saviez ce qu'une phrase simple, coulante, et qui semble avoir jailli naturellement a coûté parfois de peines, de corrections à l'écrivain! Non, je laisse de côté ce travail, pénible sans doute, mais qui n'est pas après tout sans charmes. Je parle de la besogne matérielle qui consiste à aligner des caractères noirs sur une page blanche. Ce travail fatigue à ce point certaines personnes, qu'au bout de peu de temps la main lassée ne peut plus écrire. La *crampe des écrivains*, c'est ainsi qu'on appelle cette maladie, est très fréquente. Et peut-être vous-mêmes avez-vous ressenti cette fatigue spéciale, en terminant ces longs pensums dont on abuse trop à notre avis..., et aussi au vôtre, n'est-il pas vrai?

On a imaginé une machine qui simplifie la partie matérielle du travail de l'écrivain. Elle se compose d'un clavier, analogue à celui du piano; sur chaque touche est inscrite l'une des lettres de l'alphabet, ainsi que les signes : virgule, point, etc., employés dans l'écriture courante. Au lieu d'écrire le mot, on le joue sur ce piano d'un nouveau genre, qui a sur l'autre cet immense avantage qu'il ne fait pas de bruit. Je veux écrire le mot Dieu; je frappe successivement les touches *d*, *i*, *e*, *u*. En se baissant, chaque touche, au moyen d'un mécanisme très simple, détache un petit poinçon portant en saillie la lettre correspondante; cette lettre s'imprime sur une petite bande de papier qui se meut de droite à gauche et d'arrière en avant. Avec un peu d'habitude, vous arrivez à jouer des deux mains et à imprimer très rapidement une phrase. Lorsque la ligne est finie, le papier se déplace automatiquement, et vous commencez votre seconde ligne à la distance voulue au-dessous de la première.

Vous avez tous admiré Ondine, la dernière venue dans la grande famille des poupées. Ondine est vêtue d'un costume de baigneuse, costume simple et cependant coquet. On la place sur l'eau : ses bras se tendent en avant, puis reviennent en place, les coudes au corps, après avoir décrit un cercle gracieux; ses mains, jointes d'abord, font l'office de rames, tandis que ses pieds, battant l'eau d'un jarret solide, imitent le mouvement des bras. Durant plusieurs minutes,

Ondine s'avance en nageant; lorsque vous la supposez fatiguée, il suffit de la placer sur le dos pour qu'elle continue ses mouvements en faisant la planche.

Nous avons fait dessiner pour vous, non la belle baigneuse avec son costume bleu et sa coiffe vernie, mais le mécanisme simple et ingénieux qui lui permet de nager. La poupée est vue de dos; la partie antérieure du corps est en liège, afin

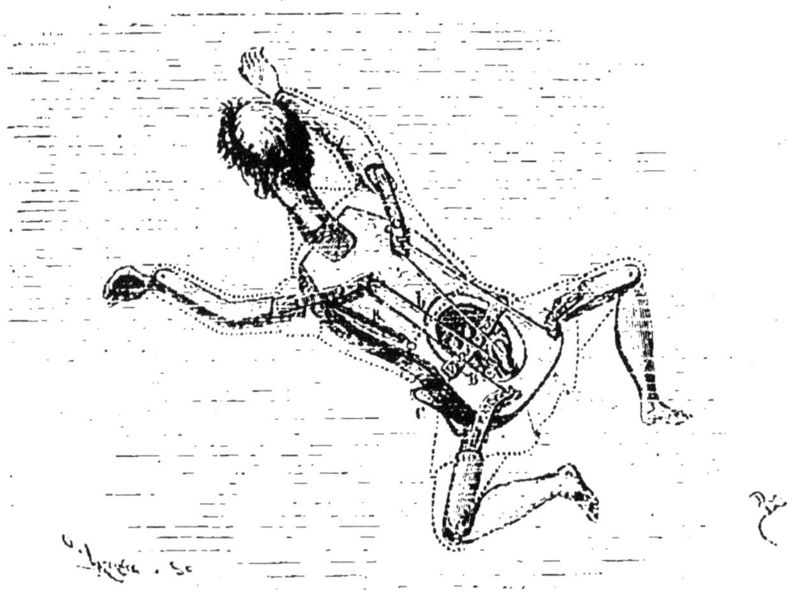

LA POUPÉE NAGEUSE

qu'Ondine puisse se soutenir sur l'eau. Dans l'intérieur du corps se trouve dissimulée une pièce très importante qu'on a appelée *barillet*, c'est-à-dire petit baril. Ce barillet renferme un ressort formé d'une lame d'acier très mince enroulée sur elle-même. La partie extérieure du ressort est attachée à la circonférence du barillet; l'extrémité intérieure du ressort est liée à un petit cylindre d'acier qui peut tourner autour de son axe et qu'on appelle en mécanique un *arbre*. Cet arbre se termine par un carré sur lequel on fixe la clef qui remonte l'appareil, c'est-à-dire qui permet, en faisant tourner l'arbre, de replier sur elle-même la lame métallique. Ici la clef est dissimulée dans le nœud qui termine la ceinture de la poupée et qu'on aperçoit en C.

Ainsi, en se détendant, le ressort fait tourner l'arbre auquel il est attaché, et cet arbre communique son mouvement, au moyen d'un engrenage, à un second arbre dont vous voyez l'extrémité en A. Sur cet arbre est fixée une manivelle qui, dans son mouvement, fait marcher les bras et les jambes de la poupée. Voici comment : les bras sont attachés à l'extrémité de deux lames de cuivre mobiles autour d'un axe et reliées au bouton de la manivelle par deux tiges de cuivre *b*, lesquelles portent, en mécanique, le nom de *bielles*. Ces bielles participent au mouvement de la manivelle; elles montent ou descendent, et par conséquent font lever ou abaisser les bras. Quand le bouton de la manivelle est au point le plus bas de sa course, les bras sont étendus en avant; à ce moment, il faut une assez grande force pour obliger la manivelle à remonter le long de la circonférence qu'elle décrit, et il peut arriver qu'il y ait en ce point un arrêt. On dit, en mécanique, que la manivelle a atteint un *point mort*. Aussi, de petits ressorts, tels que R, fortement tendus quand les bras sont en l'air, agissent alors sur les bras pour les faire redescendre, et par conséquent ajoutent leur action à la force qui entraîne le boutòn de la manivelle.

Le mouvement des bras est directement communiqué aux jambes par l'intermédiaire de deux nouvelles bielles B qui sont attachées d'une part aux bras et d'autre part à deux lames de cuivre auxquelles les jambes sont fixées.

Quand Ondine est debout, le poids des différentes parties du mécanisme empêche celui-ci de fonctionner; mais, si l'on place la poupée sur l'eau, ce poids est en partie détruit par la résistance du liquide, et l'intrépide nageuse se met en mouvement. Ajoutons que la poupée n'a aucune chance de se détériorer, car elle est tout entière formée de liège, de cuivre et de caoutchouc : l'eau ne saurait l'abîmer.

Depuis quelques années, les jouets mécaniques sont en honneur, ce dont je serais loin de me plaindre, si le prix de ces jouets ne devenait inabordable pour les petites bourses. Entrons, si vous le voulez, dans un de ces grands magasins à la mode et admirons ensemble toute cette légion d'animaux qui paraissent sortir de l'arche de Noé. Un coq s'avance majestueux en faisant retentir l'air d'un formidable *coquerico;* un jeune agneau pousse son bêlement plaintif, tandis qu'un gros roquet court en aboyant. Je m'extasie sur l'ingéniosité du constructeur qui a représenté la démarche exacte de ces différents animaux et qui leur fait pousser, avec une vérité absolue, leurs cris caractéristiques. C'est la nature prise sur le fait; un plaisant de nos voisins ajoute que c'est encore bien plus exact que la nature elle-même.

Mais voici le roi de ce curieux royaume. Ce n'est pas le lion à longue crinière, qui pousse d'effroyables rugissements; ce n'est même pas messire le loup, *quærens quem devoret*, cherchant sa proie. Non, c'est le favori de Junon, celui auquel appartient le premier rang parmi les animaux par droit de beauté : c'est le paon au merveilleux plumage. Il s'avance, et vous admirez le mouvement de ses pattes, si parfaitement imité; une aigrette mobile et légère orne sa tête sans la charger, et cette tête tourne tantôt à droite, tantôt à gauche, avec un mouvement superbe d'orgueil; il se *pavane*, en un mot. Le paon s'arrête; il relève en éventail sa magnifique parure de plumes, sur lesquelles la nature a réuni toutes les couleurs du ciel et de la terre, et à l'extrémité desquelles se trouvent, dit la mythologie, les cent yeux d'Argus.

Le mécanisme qui fait tourner la tête, remuer les pattes, relever la queue de l'oiseau, est des plus simples.

Le moteur est toujours un barillet renfermant une lame

métallique élastique, attachée, comme nous l'avons dit plus haut, d'une part à un arbre dont l'extrémité est visible en A, et d'autre part à la circonférence du barillet. Sur l'arbre sont fixées deux roues dentées, R, R', dont l'une fait marcher les pattes et l'autre la queue. Voici de quelle manière : La roue dentée qui correspond aux pattes s'engrène avec une petite roue placée plus bas et qui porte en mécanique le nom de *pignon*. Cette roue pignon entraîne dans son mou-

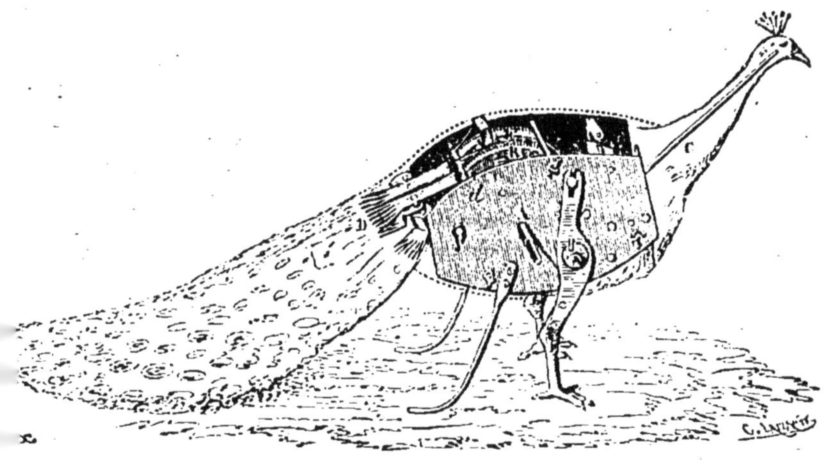

LE PAON MÉCANIQUE.

ement l'arbre qui la traverse en son centre et dont l'extréiité est visible en B sur notre figure; cet arbre détermine le iouvement des deux pattes du paon. L'arbre B traverse, non n son centre (excentriquement, comme l'on dit), un cercle e cuivre qui fait partie de la patte. Ce cercle joue exactement rôle d'une manivelle et, dans son mouvement, soulève ou baisse la patte du paon.

La queue du paon se compose de diverses pièces de cuivre, attachées à un axe horizontal et qui se développent quand ette queue se relève. Cet axe, dont vous apercevez en *d* l'exémité, porte un petit levier d'acier que la seconde roue entée abaisse à certains moments et abandonne ensuite de manière qu'il reprend brusquement sa position normale. Quand le levier s'abaisse, la queue se relève, et inversement. Pour obtenir le mouvement du levier, la seconde roue dentée porte perpendiculairement à sa surface un rebord métallique n'embrassant qu'une petite portion de la roue; lorsque ce rebord atteint le levier, il l'entraîne et le fait descendre : la queue se lève. Au moment où le rebord de la roue abandonne la tige d'acier, celle-ci remonte et instantanément fait baisser la queue.

Au moyen d'un mécanisme dont il n'est pas besoin de parler ici, lorsque la queue se lève et s'étale, la première roue dentée est arrêtée dans son mouvement et le paon cesse de marcher; au contraire, lorsque la queue s'abaisse, l'animal reprend sa marche majestueuse.

Enfin, la tête du paon est fixée à l'extrémité d'une tige d'acier C, attachée à un axe mobile qui porte en arrière une seconde tige d'acier recourbée mise en mouvement par la première roue dentée. La tige C, et par suite la tête du paon est animée d'un mouvement de haut en bas et de droite à gauche. Le mécanisme repose sur le sol, d'abord au moyen des deux pattes, puis au moyen de deux tiges d'acier, invisibles quand l'animal est habillé et qui assurent la stabilité de l'appareil.

Nous placerons enfin parmi les curiosités mécaniques divers instruments de musique qui vous sont familiers.

Voici la boîte à musique, dont on a fait un véritable abus depuis quelques années. On la trouve partout, dissimulée dans un siège, dans un album, dans une lampe, voire même dans une assiette. Les sons sont produits par les vibrations de petites lames d'acier disposées comme les dents d'un peigne; ces lames sont plus ou moins longues, de telle manière qu'elles produisent en vibrant les différents sons de la gamme. L'ébranlement de ces dents est produit par de pe tites chevilles fixées sur un cylindre mis en mouvement par un mécanisme d'horlogerie.

Voici les orgues mécaniques imaginées par l'ingénieur Barberi et qu'on appelle vulgairement *orgues de barbarie* (nom bien trouvé d'ailleurs). J'avoue que ces instruments ne me charment que très médiocrement, et que je suis au supplice

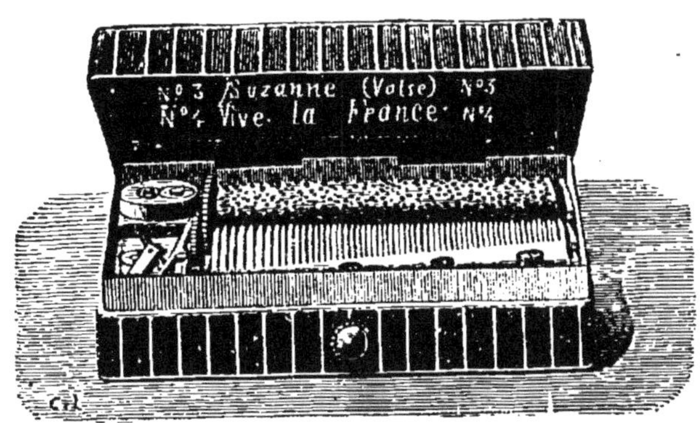

BOITE A MUSIQUE.

quand leurs sons discordants se font entendre sous mes fenêtres. Cette pénible impression ne m'est d'ailleurs pas particulière; je n'en veux citer comme preuve que l'anecdote suivante, dont Rossini fut le héros. Un matin, Rossini entend de sa chambre un air de son opéra, *la Gazza ladra,* joué ou plutôt abîmé par un orgue placé sous ses fenêtres. Rossini sort furieux, et, s'adressant à l'artiste (!) : « Misérable, dit-il, on t'a payé, n'est-ce pas, pour m'écorcher les oreilles? va-t'en! » Le joueur d'orgue, épouvanté, se sauve et s'établit un peu plus loin. L'instrument de supplice fait alors entendre, en l'écorchant, un air emprunté au répertoire d'Halévy, d'Halévy! l'ennemi intime de l'auteur de *Guillaume Tell.* Rossini, qui l'entend, se ravise, court auprès du joueur d'orgue, lui met une pièce d'or dans la main et lui dit : « La pièce est pour toi si tu vas jouer cet air-là sous les fenêtres d'Halévy! » J'ai entendu raconter cette anecdote de bien des manières différentes; la version que je vous donne me paraît la plus admissible. Certains auteurs ont brodé là-dessus, et, si l'on en croyait l'un d'eux, le joueur d'orgue rendant l'argent, aurait

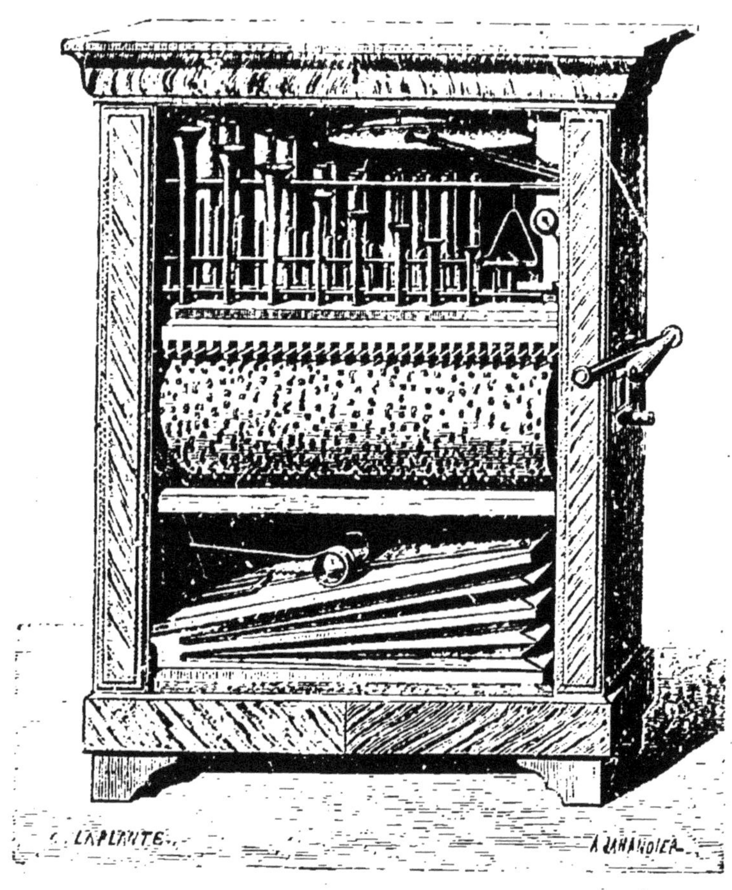

ORGUE DE BARBERI.

répondu : « Impossible, monsieur Rossini, c'est déjà monsieur Halévy qui m'envoie. »

La liste des instruments de musique mécaniques s'est enrichie dans ces derniers temps d'un très curieux appareil appelé *pianista* qui laisse bien loin derrière lui les boîtes et orgues dont nous venons de parler. Je sais bien que certains esprits chagrins ne manqueront pas de hausser les épaules et de se boucher les oreilles, en entendant parler de ces nouveaux instruments qui sont pour eux des instruments de torture. N'est-ce pas un de ces musicophobes (je demande pardon pour ce mot nouveau, auquel l'Académie n'a pas songé) qui s'écria un beau jour : « La musique est le plus cher de tous les bruits! »

Il y a musique et musique, comme il y a fagots et fagots. Malheureusement, tout le monde ne peut pas assister fréquemment aux concerts du Conservatoire ou aux représentations de l'Opéra. On voudrait bien entendre chez soi, sans se déranger, de la bonne musique. Le téléphone pourra peut-être un jour accomplir ce prodige; en attendant, le pianista nous a émerveillés, en ce qu'il permet au premier venu de jouer admirablement un air d'opéra.

Le pianista n'est pas par lui-même un instrument de musique : c'est une caisse en bois qui se place devant un piano ou devant un orgue de n'importe quelle provenance. Il est muni de doigts qui se promènent sur le piano, exactement comme le feraient les doigts d'un Liszt ou d'un Thalberg, et les sons qu'on entend sont ceux de votre propre Érard ou de votre Pleyel. Le morceau fini, le pianista se met dans un coin, et vous pouvez jouer vous-même de votre instrument.

Le mécanisme du pianista est assez simple : c'est le mécanisme du métier Jacquard, employé comme l'on sait pour obtenir des étoffes avec dessins.

Chacun des doigts du pianista correspond au moyen de leviers avec une petite tige métallique placée à la partie supérieure de la caisse; il y a cinquante-quatre doigts, et par conséquent cinquante-quatre petites tiges métalliques. Devant cette tige passe un morceau de carton percé de trous. Quand la tige rencontre un trou, elle y pénètre, se soulève, et ce mouvement est transmis à l'un des *doigts*, qui au contraire, lui, s'abaisse et frappe la note devant laquelle il est placé.

Le carton se déroulant, la tige va bientôt rencontrer un espace plein, elle s'abaissera et le doigt sera au contraire soulevé. Il n'est pas nécessaire d'entrer dans de plus amples détails pour vous expliquer comment cette tige et ce doigt sont reliés par de petits soufflets mus par l'air comprimé. A chaque tige correspond un doigt et un soufflet d'air com-

LE PIANISTA.

primé. Toutes ces cinquante-quatre tiges sont placées les une à côté des autres dans le sens de la largeur du carton mobile

Vous avez certainement compris cette première partie d l'appareil, le reste ne sera pas plus difficile. Le carton qui s déroule est divisé dans le sens de sa largeur par 54 ligne tracées au crayon. Si je veux faire entendre la note *la*, pa exemple, je n'ai qu'à faire un trou dans le carton à l'endroi où la tige qui correspond au doigt *la* viendra le rencontrer. Si je veux faire entendre l'accord parfait *ut, mi, sol, ut*, je fais quatre trous sur la même ligne du papier, dans le sens de la largeur bien entendu, aux endroits qui seront touchés en même temps par les quatre tiges qui correspondent aux quatre doigts, *ut, mi, sol, ut*.

Mais il faut, vous le comprenez, que chacune des notes ait la durée indiquée dans le morceau de musique; une même note sera tantôt une ronde, une blanche, une noire, etc... Les trous du papier ne seront donc pas de simples points, mais de petits rectangles plus ou moins allongés suivant que la tige devra être soulevée plus ou moins longtemps et, par conséquent, suivant que le doigt devra être plus ou moins longtemps appuyé sur la touche.

Un mot encore. Le carton se déplace de lui-même par le mouvement d'une manivelle; sa vitesse est toujours uniforme. Les notes inscrites sur le carton seront donc plus ou moins rapprochées suivant que la mesure sera plus ou moins rapide. Ajoutons qu'à l'aide d'un bouton qu'on soulève ou qu'on abaisse, on obtient à volonté des *piano* et des *forte* qui permettent de donner l'expression, qu'on n'avait jamais obtenue avec les anciens instruments automatiques.

Sans doute le pianista ne calmera pas la fièvre musicale qui depuis quelques années s'est emparée de nos jeunes Français et Françaises; mais il permettra d'entendre jouer correctement une symphonie de Haydn ou une sonate de Mozart; il façonnera l'oreille de nos jeunes pianistes et leur permettra de se rendre compte de la manière dont il faut interpréter l'œuvre de nos grands maîtres.

Ne vous êtes-vous jamais amusé, à l'aide d'une épingle, à percer de petits trous une feuille de papier, de manière que ces trous très voisins dessinassent des lettres, des mots? Vous l'avez fait, sans doute, car ce jeu est familier aux écoliers, et peut-être un maître sévère vous a-t-il reproché de gaspiller votre papier et de perdre votre temps. Vous étiez cependant sur la voie d'une intéressante découverte, bien facile à trouver, en vérité, et qui n'a pas échappé à l'inventeur habile du phonographe et de mille autres merveilles.

M. Edison a imaginé une plume particulière qui permet de faire très rapidement une, dix, cent copies de votre manuscrit. Bien que très jeune, M. Edison est sorti depuis un certain nombre d'années du collège, et ce serait se hasarder beaucoup que d'affirmer qu'il a songé à éviter aux écoliers paresseux la confection de ces longs pensums qui font leur désespoir. Toutefois l'invention nouvelle pourra profiter aux élèves indisciplinés, et j'aurais hésité à la décrire si je ne savais qu'aucun de mes lecteurs n'aura l'occasion de l'appliquer à ce travail spécial. Mais, au contraire, dans un grand nombre de cas très avouables, il est utile, nécessaire même, de pouvoir rapidement obtenir un certain nombre de copies d'une note, d'un mémoire, d'un prospectus. Voici comment on pourra opérer avec la plume Edison.

Supposons qu'à l'aide d'une épingle ou d'une aiguille vous ayez écrit ou plutôt formé, par la réunion de ces trous très rapprochés, un mot, une phrase. Placez ce papier ainsi percé sur le couvercle de la presse représentée sur notre dessin et une feuille de papier blanc sur la partie fixe; fermez le couvercle et, à l'aide d'un rouleau noirci d'encre, pressez la feuille garnie de trous. L'encre va pénétrer dans les trous et, relevant le couvercle, nous trouverons sur la page blanche la reproduction de l'écriture ou du dessin tracé sur le modèle. Enlevons cette feuille, remplaçons-la par une seconde feuille blanche, fermons le couvercle et passons une seconde fois le rouleau noirci, nous obtiendrons une seconde épreuve. Nous pourrons recommencer jusqu'à mille fois l'expérience.

Nous n'avons donc qu'à nous procurer une première fois le manuscrit piqué. Mais s'il fallait, à l'aide d'une aiguille, dessiner toutes les lettres d'une phrase, ces lettres seraient bien

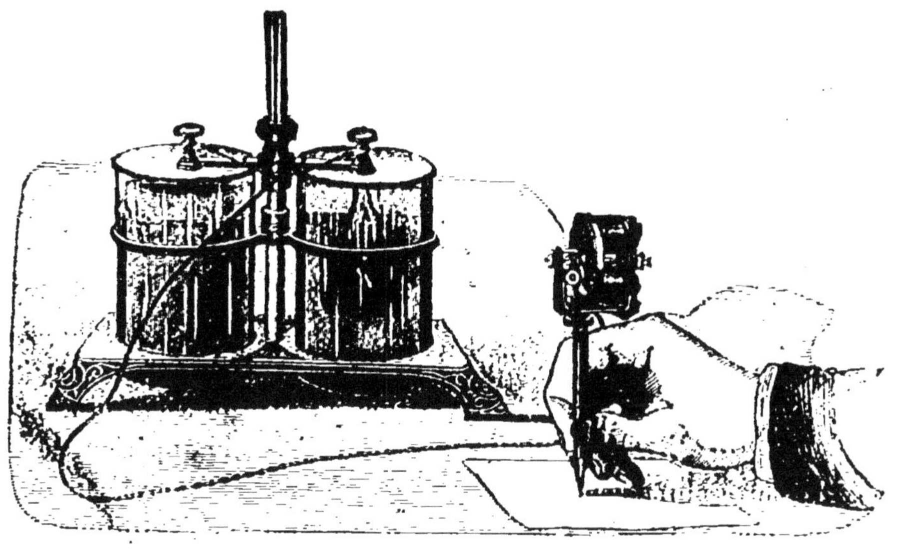

PLUME EDISON.

PRESSE EDISON

peu régulière d'une part, et d'autre part, le travail serait long et fatigant. L'invention de M. Edison a précisément pour objet de rendre cette partie de l'opération aussi rapide et aussi peu fatigante que si l'on écrivait naturellement avec une plume trempée dans l'encre.

Avec le porte-plume que M. Edison met entre vos mains, écrivez votre phrase comme si vous aviez une plume ordinaire et ne vous occupez de rien. Un mécanisme va faire les trous le long des lettres que vous êtes censé tracer. Dans l'intérieur du porte-plume se trouve une longue aiguille animée d'un mouvement très rapide de va-et-vient; elle fait 180 battements à la seconde. C'est elle qui va percer le papier sans même que vous en ayez conscience.

Ce mouvement automatique est communiqué à l'aiguille par un petit moteur électrique placé à la partie supérieure du porte-plume, moteur qui est lui-même mis en mouvement par une petite pile électrique placée tout à côté. Cette pile n'est mise en activité qu'au moment où l'on veut écrire, et il suffit de faire plonger dans le liquide acide qui contient la pile deux morceaux de zinc et de charbon; on les relève, au contraire, quand on cesse d'utiliser la plume électrique.

CHAPITRE VI

A PROPOS D'UN ALMANACH

Un prophète du temps. — Les almanachs. — Jours fastes et néfastes. — Les horoscopes. — Sorciers et astrologues. — L'enchanteur Merlin, Matthieu Laensberg, Nostradamus. — Les envoûtements. — Les sottises modernes. — Les anagrammes.

Un savant bien connu, Babinet, qui fit une guerre acharnée aux prophètes du temps et autres charlatans, aimait à raconter l'histoire suivante : Un faiseur d'almanachs, voyageant en Suisse, se disposait un matin à faire une excursion dans la montagne. Le ciel était pur et notre voyageur allait se mettre en route, lorsque son aubergiste l'engagea à ne point sortir. « Je viens de consulter mon almanach, lui dit-il, et je crois que la pluie ne tardera pas à tomber. » Notre voyageur, connaissant mieux que personne l'absurdité des prophéties contenues dans les almanachs, ne tient naturellement aucun compte de l'avertissement; il sort, et deux heures après un orage épouvantable survient qui l'oblige à rentrer à l'auberge, les vêtements ruisselants d'eau. « Vous aviez raison, dit-il en entrant à son hôte; mais quel est donc l'excellent almanach que vous possédez? » — « C'est celui de M. X... (c'était précisément le nom de notre voyageur); il ne me trompe jamais, car cet X... est si menteur, qu'en prenant le contraire de ses prophéties je tombe presque toujours juste. Il annonçait un temps magnifique aujourd'hui ; n'ai-je pas eu raison de vous engager à ne point sortir? »

Notre aubergiste nous semble encore trop crédule. Les faiseurs d'almanachs sont imposteurs à ce point qu'on ne peut même pas croire le contraire de ce qu'ils disent. Il est bien entendu qu'en parlant des almanachs je laisse complètement de côté les publications annuelles, littéraires ou scientifiques, qui sont avec raison goûtées du public. Je ne veux attaquer que ces livres détestables qui entretiennent la superstition et spéculent sur le désir que tous les hommes possèdent de connaître l'avenir.

Le mot almanach vient de deux mots arabes, *al manakh*, qui veulent dire : le compte. Les almanachs, connus de toute antiquité, contenaient en effet le compte des jours, des nuits, des saisons, des mouvements de la lune, etc. Quelques auteurs admettent une origine différente : les uns supposent que almanach veut dire *calcul pour la mémoire*, dérivant de deux mots égyptiens *al*, calcul, et *men*, mémoire; d'autres auteurs rappellent que nos ancêtres traçaient le cours des lunes sur un morceau de bois carré qu'ils appelaient *al managht*, c'est-à-dire contenant toutes les lunes, et supposent que ces deux mots allemands ont donné naissance à notre mot français. Quoi qu'il en soit, ces almanachs, connus de l'Inde, de la Chine, de l'Égypte, se sont surtout répandus en Europe depuis la propagation du christianisme, parce qu'ils servaient à indiquer les jours fériés.

Les astrologues et les médecins qui rédigeaient ces almanachs ne se bornèrent pas à indiquer le cours des astres et les fêtes de l'année; ils ajoutèrent bientôt des prophéties sur le temps, sur la politique, etc., qui donnèrent une grande vogue à leurs livres.

En 1550, Pierre van Bruhesen, médecin flamand, publia un almanach dans lequel il indiquait avec le plus grand soin quels étaient les jours où l'on pouvait se purger, se baigner, se faire saigner, se faire raser, etc. Son livre fit une telle impression, qu'à Bruges « l'autorité municipale défendit à tous les barbiers de Bruges de raser pendant les jours désignés comme fatals par Van Bruhesen » ! !

Nous avons rappelé, dans notre volume *la Légende des mois*, que les Romains indiquaient dans leurs almanachs certains jours comme devant être heureux ou malheureux. Pendant les jours malheureux (néfastes), il n'était pas permis de plaider, de rendre la justice, de tenir les assemblées. Certains jours étaient *à moitié néfastes;* on pouvait plaider pendant une partie de la journée, soit le matin, soit dans l'après-midi.

Il suffisait de consulter un almanach pour savoir, par exemple, à la naissance d'un enfant, le sort qui lui était réservé. On sait que les anciens supposaient que la terre était immobile et que le soleil tournait autour d'elle en accomplissant en une année une révolution complète. Le cercle soi-disant décrit par le soleil (et qui en réalité est parcouru par la terre autour du soleil immobile) fut appelé *zodiaque*, d'un mot grec qui signifie petits animaux, parce que les constellations qui se trouvaient sur ce cercle portaient des noms d'animaux : le Bélier, le Taureau, le Cancer, le Lion, etc... Le long du zodiaque se trouvent douze constellations principales que le soleil traverse en séjournant un mois dans chacune d'elles. Suivant le mois dans lequel naissait un enfant, et, comme l'on disait, suivant la constellation qui a présidé à sa naissance, on pouvait tirer l'*horoscope* de cet enfant. Le mot horoscope vient de deux mots grecs qui signifient *j'examine l'heure*, parce c'est à l'heure où naît l'enfant qu'on doit examiner la place qu'occupe le soleil dans le ciel.

Voici comment les astrologues prétendaient lire dans le ciel, « dans ce grand livre où Dieu écrit de sa main l'histoire du monde et où chacun peut lire son avenir ». Je suppose que vous êtes né au printemps, le soleil vient d'entrer dans la constellation du Bélier : « Vous aurez du courage, de la fierté et une longue vie. » Si, de plus, vous êtes né un dimanche, jour du soleil, vous pouvez compter sur du bonheur et des héritages. Le lundi, consacré à la lune, vous aurait envoyé des plaies; le mercredi vous eût affligé de maladies et de dettes... « Le Bélier et le Taureau, les deux premiers signes du Zodiaque, ont une action puissante sur les troupeaux; les enfants qui naissent au moment précis où ces signes apparaissent à l'horizon, seront riches en troupeaux. » Que pensent de cet horoscope nos jeunes lecteurs parisiens? Je continue : « La Balance (octobre) inspire des inclinations de bon ordre et de justice; les souverains nés sous ce signe feront la félicité de leurs peuples. Le Scorpion (novembre) n'inspirait que des idées fâcheuses et malfaisantes. Celui qui naît sous l'Écrevisse (juillet) ira constamment à reculons et en se baissant. Tous les enfants nés sous le Lion (août) seront des héros. La fortune de ceux qui naissent sous le Capricorne (janvier) doit toujours aller en augmentant. » J'avoue que, personnellement, j'aurais lieu de me réjouir de ce dernier pronostic; mais malheureusement l'astrologie ajoute : « Cette fortune ira en augmentant, surtout si le soleil monte sur l'horizon avec ce signe, » et l'on a oublié, à ma naissance, de faire cette constatation.

Il est bien évident qu'avec des affirmations aussi absolues les astrologues auraient été pris vingt fois, cent fois, mille fois en défaut; aussi avaient-ils pris soin, tout en avançant hardiment les absurdités que nous avons dû rappeler, hardiesse qui devait en imposer au vulgaire, de corriger l'absolu de ces prédictions en faisant remarquer que la lune et les planètes pouvaient « émousser la bonté de certaines influences ou, au contraire, corriger la malignité des astres ». Voilà qui est parfait. Vous êtes né sous le signe du Lion, vous devez être un héros; mais, à la première bataille, vous vous sauvez comme un lièvre : l'astrologie est donc en défaut? Nullement. Vous étiez sous l'influence de deux astres contraires, l'un qui vous excitait à la bravoure, l'autre qui veillait la conservation de votre précieuse existence; c'est ce dernier qui l'a emporté, et tout est expliqué.

C'est le même système qu'employaient avec tant de succès les prêtres des religions païennes. Quand le besoin se faisait sentir de garnir leur caisse, ils annonçaient un de ces événements fâcheux qui malheureusement n'arrivent que trop souvent : épidémies, disette, pluies abondantes. Pour conjurer ces fléaux il fallait des prières publiques faites avec sincérité et des donations en faveur des temples des dieux. Le fléau n'arrive point? Louanges aux dieux qui ont détourné ce coup funeste! Malgré la générosité des fidèles, l'année est-elle mauvaise? Il ne faut accuser que le manque de sincérité des pénitents!

Nous n'avons pas besoin d'insister sur la fausseté des prophéties que débitaient avec profit les astrologues. Quoi! tous ceux qui naissent le même jour ont la même destinée? Fut-il jamais une absurdité pareille! Et que dire des milliers d'hommes fauchés sur un champ de bataille, tués ensemble dans un tremblement de terre, dans un naufrage... Étaient-ils donc nés tous sous le même signe?

Écoutez Shakespeare, l'immortel poète anglais, se moquant, dans sa tragédie appelée *le Roi Lear*, des sottises de l'astrologie :

« Quoi! lorsque nous sommes malades ou dans l'infortune (ce qui vient souvent de notre mauvaise conduite), nous ferons coupables de nos souffrances le soleil, la lune et les étoiles! Comme si nous étions méchants par nécessité, fous par un ordre du ciel, fripons, voleurs et traîtres par une prédominance des astres, buveurs, mensongers et adultères par une obéissance forcée à l'influence d'une planète, et comme si tous nos vices descendaient du ciel! Admirable invention d'un libertin de mettre ses penchants déréglés sur le compte d'une étoile! Mon père et ma mère furent unis sous le signe du Dragon, et je naquis sous la Grande-Ourse, de sorte que je dois être rude et sans honte. Bah! j'aurais été ce que je suis si même la plus petite étoile du firmament eût présidé à ma naissance. »

On peut croire que j'ai tort d'insister aussi longuement sur des absurdités qui frappent aujourd'hui tous les yeux, et l'on serait bien tenté de dire : « Sans doute, tout cela était faux; mais qui donc, sinon les premiers peuples, grossiers et ignorants, pouvait ajouter foi à de telles billevesées? Les nations étaient alors dans l'enfance, le spectacle des cieux avait vivement frappé leur imagination et, n'apercevant pas la main qui avait jeté tous les astres dans l'espace, ils avaient pris ces astres eux-mêmes pour la divinité. » Ce ne sont pas les premiers hommes seulement qui ont accepté ces grossières superstitions. Ces erreurs se sont perpétuées d'âge en âge et sont même arrivées jusqu'à nous. Et ce ne sont pas, comme on pourrait le croire, les gens de peu, les ignorants, qui avaient et ont encore le privilège de la superstition : les princes eux-mêmes partageaient cette erreur. Écoutez ce que l'historien Tacite raconte de l'empereur romain Tibère :

« Tibère, pendant son exil à Rhodes, sous le règne d'Auguste, consultait fréquemment les astrologues, qu'il appelait des points les plus éloignés; mais, quand les réponses étaient soupçonnées d'ignorance ou de fourberie, ce prince faisait précipiter par ses esclaves les astrologues du haut d'un rocher dans la mer. Un jour qu'il avait fait venir dans cette dangereuse retraite, bâtie sur des précipices, un astrologue réputé fort habile, nommé Thrasyllus, et qui venait de lui prédire l'empire et mille autres prospérités, Tibère lui dit : « Puisque tu es si habile, pourrais-tu me dire combien il te reste de temps à vivre? » Notre astrologue, qui savait qu'aucun de ses collègues n'était revenu de chez Tibère, devina le danger, et, sans laisser percer la moindre frayeur, il se prit à considérer attentivement l'aspect et la position des astres; bientôt un tremblement subit le saisit, et il s'écria : « Je vois qu'à l'instant même je cours un grand péril. » Tibère, satisfait de son grand talent, l'embrassa en le rassurant et en fit son meilleur ami. »

Dans une circonstance à peu près semblable, l'astrologue du roi de France Louis XI s'en tira également à son honneur.

Le cruel Louis XI, mauvais fils et mauvais père, dont la conscience était souillée de crimes, avait une peur terrible de la mort. Sans cesse entouré de médecins qui profitaient des terreurs du roi pour lui arracher des titres ou de l'argent, Louis XI avait en outre un astrologue, Galeotti, qui devait à chaque instant consulter le ciel. Ombrageux, inquiet, le roi voulut mettre en défaut son astrologue et le punir de ses fourberies. Il fait appeler Tristan et lui dit : « Mon compère, Galeotti est dans mon cabinet; dans quelques minutes je le reconduirai; prête une oreille attentive aux mots que je lui adresserai en le congédiant. Si je lui dis : « Il y a un ciel au-dessus de nous, » qu'il soit pendu à l'instant même. Si au contraire je lui dis : « Allez en paix, » garde-toi de toucher à un cheveu de sa tête. Là-dessus Louis XI, rentrant dans son cabinet, demande à Galeotti s'il compte vivre longtemps. L'astrologue, comprenant les desseins du roi, lui répond : « Sire, les astres m'ont appris que nos destinées étaient liées l'une à l'autre; j'ignore, je l'avoue, le moment précis de ma mort, mais je sais qu'elle précèdera de trois jours la vôtre. » Le roi se hâta, bien entendu, de reconduire son astrologue en répétant à vingt reprises : « Allez en paix! allez en paix! »

En rappelant l'histoire de Tibère et celle de Louis XI, nous avons voulu montrer que ces superstitions grossières n'existaient pas seulement dans le peuple; il nous faut malheureusement ajouter qu'elles n'étaient pas seulement acceptées par les esprits grossiers et incultes, mais par un grand nombre de savants dont les noms, à d'autres titres, sont justement célèbres.

Le grand astronome danois Tycho-Brahé, qui vivait au

commencement du XVIIe siècle, avait une entière confiance dans l'astrologie. « A quoi serviraient les planètes, disait-il, si elles ne devaient nous renseigner, d'après leur position, sur les évènements de notre vie? Le soleil, la lune et les étoiles nous suffisaient. »

Tycho avait, paraît-il, reconnu, d'après l'observation de la planète Mars, que son visage serait difforme. Et le fait se réalisa. Arago nous raconte que, voyageant en Allemagne, Tycho eut une querelle à propos... d'un théorème de géométrie ! La querelle s'envenima : un duel s'ensuivit à la suite duquel Tycho perdit son nez. Il faut croire que ce cruel accident désespéra Tycho comme homme, mais qu'il le remplit de joie comme astrologue. La fatalité, sous les traits de la planète Mars, ne l'avait-elle pas averti? Notre savant dut se faire mouler un faux nez en cire.

On raconte encore qu'au début de la maladie qui devait l'emporter, Tycho reconnut que la planète Mars occupait dans le ciel la même place qu'au moment de sa naissance (il est bien entendu que c'est par le calcul qu'il avait établi la position de Mars le 13 décembre 1546, jour où il naquit); de plus, la lune était en opposition avec Saturne! Ce fut en vain que les médecins le supplièrent de ne pas manger : à quoi bon? les astres n'annonçaient-ils pas sa mort? Ce grand savant, qui, malgré ses faiblesses d'esprit, fut un astronome éminent, l'auteur de magnifiques travaux sur les mouvements irréguliers de la lune, sur la réfraction, sur les positions des étoiles, etc., mourut le 24 octobre 1601.

Képler, l'immortel Képler, dont nous avons raconté déjà la vie [1], croyait ou feignait de croire à l'astrologie. Il faisait des prédictions, tirait des horoscopes, et voici comment il expliquait ses idées : « Les hommes se trompent lorsqu'ils croient que c'est des astres que dérivent les choses d'ici-bas. Les

1 Voy. *Nos vraies conquêtes*, p 61.

LA MÈRE DE KÉPLER ET LE BOURREAU.

astres ne nous envoient rien que de la lumière ; mais, selon que ces rayons de lumière sont configurés à la naissance de l'enfant, l'enfant reçoit dans la vie telle ou telle forme. Si la configuration des rayons de lumière est harmonieuse, il se développe une belle forme de l'âme, et cette âme se construit une belle demeure. » Nous n'insistons pas sur ces opinions bizarres.

Ce qui nous permet de supposer que Képler ne croyait pas un mot de toutes ces sottises et qu'il les débitait seulement afin de gagner quelque argent qui lui permît de vivre, c'est qu'il répond en ces termes à ceux qui l'accusaient de croire à l'astrologie : « Les philosophes, tout en se vantant de leur sagesse, devraient ne pas blâmer avec tant d'amertume la fille de l'astronomie (Képler désigne ainsi l'astrologie) ; c'est cette fille qui nourrit sa mère. Combien, en effet, serait petit le nombre des savants qui se dévoueraient à l'astronomie, si les hommes n'avaient pas espéré lire les évènements futurs dans le ciel ! »

On avait dit, avant Képler, que l'astrologie était fille de l'ignorance et mère de l'astronomie ; l'assertion de Képler est bien plus juste : c'est l'astronomie qui a été la mère sage d'une fille folle : « Il a fallu connaître les astres avant de leur attribuer quelque pouvoir sur nous. Il a fallu avoir une idée de leurs mouvements et de leurs révolutions avant d'y attacher la destinée des hommes et la chaîne des évènements de la vie. »

La mère de Képler, fille d'un aubergiste et n'ayant aucune culture intellectuelle, avait été élevée par une tante qui fut brûlée comme sorcière. Elle-même, à l'âge de soixante-quinze ans, fut accusée de sorcellerie. On lui reprochait d'abord d'avoir été élevée par une sorcière : ce qui paraît profondément injuste et indépendant de la volonté de la pauvre femme ; ensuite « d'avoir ensorcelé plusieurs personnes ; d'avoir de fréquents entretiens avec le diable ; de ne pas savoir verser de larmes; de faire périr les cochons du voisinage sur lesquels elle faisait des promenades nocturnes (!!); enfin, de ne jamais regarder en face les personnes auxquelles elle parlait, ce qui, disait-on, était une habitude chez les sorcières. »

Le pauvre Képler, déjà bien éprouvé par la misère et surtout par la mort de ses enfants et la terrible maladie de sa femme, dut commencer d'actives démarches, afin de préserver sa mère de l'arrêt de mort qui avait été prononcé contre elle. Il fut décidé que la pauvre vieille serait *terrifiée* par le bourreau, c'est-à-dire qu'on simulerait les apprêts des tortures auxquelles elle était condamnée et qu'on lui énumérerait toutes les souffrances qu'elle allait endurer. La courageuse femme ne cessa de dire, au milieu de toutes ces menaces : « Je dirais au milieu des tortures : Je suis une sorcière, que ce n'en serait pas moins un mensonge. » Elle fut sauvée de la mort.

Parmi les charlatans faiseurs d'almanachs ou de prédictions, il faut citer, en première ligne, Merlin l'enchanteur, Matthieu Laensberg, Nostradamus...

L'enchanteur Merlin naquit au ve siècle, dans les montagnes de l'Écosse. Il représente à merveille le type du barde, à la fois prophète, magicien, savant, poète et guerrier. Il vivait, dit-on, à la cour de ce roi Arthur ou Artus qui fut le plus célèbre des chevaliers de la Table-Ronde[1]. La légende rapporte que ce fut à l'aide d'une épée magique donnée par Merlin que le roi Arthur vainquit les Anglo-Saxons, les Écossais, et soumit l'Irlande. Les prophéties de Merlin furent pendant longtemps considérées comme des oracles infaillibles. Jusqu'au xvie siècle, on retrouvait, *après coup*, l'an-

1. Les chevaliers de la Table-Ronde, au nombre de cinquante, s'étaient réunis dans le but de défendre les faibles, de conserver intacts les sentiments d'honneur, de bravoure, de religion. Ils se réunissaient autour d'une *table ronde*, afin qu'il n'y eût entre eux aucune distinction de rang. Cette légende, bien postérieure à l'époque où vivait le roi Arthur, rappelle le caractère chevaleresque du moyen âge.

nonce des principaux évènements dans les livres de Merlin. Un poète du XIIIe siècle raconte que la croisade des Albigeois[1] a été prédite par le compagnon d'Arthur; Édouard III justifie ses prétentions au royaume de France en s'appuyant sur l'autorité d'une prédiction de Merlin; enfin, quand Jeanne d'Arc se mit à la tête des troupes françaises pour chasser les Anglais du royaume, on se rappela que Merlin avait annoncé jadis que parmi les constellations du zodiaque on verrait un jour *la Vierge descendre sur le dos du Sagittaire.* La vierge, n'était-ce pas Jeanne?

Matthieu Laensberg vivait vers l'an 1600, il était chanoine à Liège. Ce fut lui, dit-on, qui publia le premier *almanach de Liège*, existant encore aujourd'hui. On publie, même *en France*, des almanachs qui portent ce titre au moins bizarre : *Triple véritable almanach de Liège.* Il me paraît un peu hardi d'affirmer qu'un ouvrage publié en France est le véritable almanach de Liège; mais j'avoue que le mot *triple* me confond entièrement. Matthieu Laensberg est surtout un prophète du temps; c'est lui qui nous avertit des chaleurs ou de la pluie. Voici à ce propos une intéressante histoire. On raconte que notre astrologue avait coutume de dicter à sa nièce des prédictions météorologiques que celle-ci inscrivait en regard des divers jours de l'année. Il en était au 23 août. « Orage, grande pluie, dit l'oracle. — Mais, mon oncle, c'est le jour de ma fête! — Alors, beau temps, ma fille, beau fixe. »

Michel de Nostredame, surnommé Nostradamus, naquit à Saint-Rémy, en Provence, en l'an 1503. Il était médecin et, de plus, confectionnait des almanachs. Mais Nostradamus ne se bornait pas à indiquer les jours de l'année, les dates des fêtes, les phases de la lune, il ajoutait des quatrains prophétiques qui acquirent bientôt une vogue immense. Ces qua-

1. Sous le nom d'Albigeois, on désignait tous les hérétiques établis au midi de la France. Le pape Innocent III prêcha contre eux une croisade. De 1204 à 1226, les Albigeois furent traqués et massacrés.

trains étaient tellement vagues qu'avec beaucoup de bonne volonté on pouvait les appliquer à toutes sortes d'évènements. Je prends un exemple dans l'almanach de 1550; on lit les vers suivants :

Bossu sera élu par le conseil.
Plus hideux monstre en terre n'aperçu.
Le coup voulant crevera l'œil.
Le traître au roi pour fidèle reçu.

Ce quatrain, qui pour mes lecteurs comme pour moi ne signifie absolument rien, ne manqua pas d'être interprété par les admirateurs du charlatan. On fit remarquer, après l'évènement bien entendu, que ce quatrain annonçait la mort de Henri II, survenue en 1559. On se rappelle que dans un tournoi Henri II reçut la lance de son adversaire dans l'œil et qu'il en mourut. Ce qui embarrassait nos donneurs d'explications, c'était le mot *bossu*; on trouva enfin que l'adversaire du roi se nommait Montgommery et que la première syllabe de son nom était *mont*, synonyme de *bosse!!*

Disons tout de suite que le fils de Nostradamus voulut continuer le lucratif commerce de son père; mais malheureusement ses prophéties ne réussissaient jamais. Il avait annoncé que le Pouzin, petite ville du Vivarais, assiégée par les troupes royales, périrait par les flammes. Pour justifier sa prophétie, il mit lui-même le feu à la ville; mais il fut surpris et tué... ce qu'il n'avait pas prévu.

Catherine de Médicis, superstitieuse comme toutes les Italiennes, fit venir Nostradamus et le combla de présents. On raconte que le célèbre devin, consulté par Marie de Médicis, lui montra dans une glace magique le portrait de son futur mari, qui n'était autre que Henri IV. Qu'était-ce que ce miroir magique? Vraisemblablement Nostradamus avait fait asseoir dans une pièce voisine un homme couvert de vêtements royaux. La glace magique, inclinée à 45 degrés, était entourée de draperies qui la dissimulaient; elle reflétait l'image du personnage royal, grâce à un trou pratiqué dans la muraille. La jeune princesse fut évidemment frappée de cette prophétie, et quand elle épousa Henri IV, elle combla de faveurs le savant devin. Vous me direz que lors même que

MARIE DE MÉDICIS ET L'ASTROLOGUE.

Nostradamus n'aurait pas songé à Henri IV, il avait au moins annoncé avec raison la haute situation de la princesse. Beau mérite, ma foi, de promettre une couronne à la fille du grand-duc de Toscane! D'ailleurs l'histoire est-elle prouvée? Il me suffit de rappeler, pour détruire cette légende, que Nostradamus mourut en 1566, et que la princesse naquit en 1573 ! Ce que nous pouvons admettre, c'est que ce fut un successeur de Nostradamus qui fit l'expérience d'optique que nous venons de rappeler et que représente notre gravure.

ROBERT D'ARTOIS ENVOUTE LE FILS DU ROI.

Les astrologues, sorciers, thaumaturges et autres charla-tans ne se contentaient pas de tirer l'horoscope d'un enfant d'augurer du succès des entreprises par la contemplatio des astres; ils donnaient les moyens de se débarrasser de ennemis sans courir le moindre risque : il suffisait d'envoû-ter celui qu'on voulait faire disparaître. L'opération consis-tait à faire, sur une image en cire ou sur tout autre obje symbolisant la personne à qui l'on voulait nuire, des bles-sures dont la personne représentée était censée souffri elle-même. Il y avait un moyen cependant, pour la personn ainsi envoûtée, de se soustraire à la mort; mais j'hésite à rappeler, tant ces pratiques paraissent absurdes : elle devait. manger un cœur d'agneau assaisonné de sauge et de ve veine !

Nous ne citerons qu'un exemple de cette singulière pr tique. En l'an 1330, Robert d'Artois, dépossédé de son com d'Artois au profit de sa tante, l'empoisonna. Il fut bann Pour se venger, Robert, qui s'était retiré dans le Brabar envoûta le fils du roi Philippe VI. La tentative de crime f découverte. Robert, effrayé d'un procès en sorcellerie q devait infailliblement aboutir à une condamnation à mo se trouva trop près de France et s'enfuit en Angleterre.

Pendant longtemps on crut à la vertu des amulettes des talismans. N'avons-nous pas tous été frappés, dans no enfance, par les histoires de fées que nos mères nous co taient.

« Il y avait une fois un roi et une reine qui possédaient fils beau comme le jour. La marraine de l'enfant, la fée airs, lui avait fait don d'un talisman précieux... » N'est pas ainsi que commençaient tous ces admirables contes ont charmé notre enfance et que j'entends encore aujourd' avec un plaisir extrême.

C'était le soir, après m'être mis au lit, que ma bonne mè à ma prière, commençait la merveilleuse histoire. Aussi, de prodiges accomplis pour vaincre ce lourd sommeil qui venait fermer mes paupières; combien je maudissais l'inexorable marchand de sable qui passait juste au moment où l'intérêt devenait plus vif, et ma dernière parole, parole presque inconsciente, disait à la narratrice fatiguée : « Encore, encore. » Hélas! les années sont venues et le marchand de sable ne se soucie plus des enfants qui ont grandi. Bien souvent je l'appelle, et je lui demande de me procurer un sommeil qui me fuit. Il n'écoute pas plus mes prières qu'autrefois!

Aussitôt que j'étais assoupi, le conte se poursuivait dans mon rêve. Princes charmants, fées diaphanes, princesses persécutées et finalement triomphantes, je vous voyais, je vous touchais, je vivais au milieu de vous, Que dis-je? j'étais moi-même le héros de la légende; j'étais le filleul et le favori des fées. Je marchais dans la vie armé d'un merveilleux talisman qui aplanissait devant moi toutes les difficultés : fortune, honneurs, tout était à moi, et ma vie s'écoulait heureuse aux côtés d'une toujours jeune et toujours jolie princesse qui ressemblait à s'y méprendre à la compagne de mes jeux enfantins. Éveillé, je rêvais encore. Je croyais à l'existence réelle de ces baguettes magiques qui transformaient, à vue d'œil, les guenilles de la petite Cendrillon en étoffes magnifiques, la peau d'âne d'une charmante princesse en robes couleur du soleil! Je demandais naïvement au ciel un de ces merveilleux talismans qui changeaient les citrouilles en carrosses de gala et les gros rats blancs en domestiques à superbe livrée!

J'ai cru, je l'avoue, à l'existence d'une poule aux œufs d'or, à la lampe d'Aladin, à la merveilleuse poudre dont chaque pincée jetée au vent pourrait réaliser un de mes vœux. Vous souriez sans doute de ma crédulité enfantine; que direz-vous si je vous prouve que tous les peuples ont eu et ont encore foi dans la vertu des talismans?

Pour nos ancêtres, les métaux et les pierres précieuses étaient de véritables talismans. Écoutez :

« La turquoise préservait des chutes dangereuses, soit à pied, soit à cheval; l'émeraude donnait le pouvoir de prédire l'avenir; l'escarboucle ou grenat donnait la gaieté et l'esprit; le saphir préservait des morsures des serpents et des scorpions et guérissait par le simple attouchement les anthrax; le jaspe vert arrêtait les saignements de nez et toutes les hémorragies; la chrysolithe ou topaze calmait les fièvres... » L'améthyste avait la propriété de prévenir l'ivresse; aussi les anciens gravaient la tête de Bacchus sur des coupes d'améthyste. Le rubis permettait de résister au venin; il éloignait la peste, la tristesse; il changeait de couleur quand un événement funeste se préparait. Que dire du jade, la pierre des amulettes par excellence, qui guérissait d'une manière spéciale les maladies des reins? Le corail avait de grandes vertus : les Romains faisaient des colliers de corail qu'ils attachaient au cou de leurs enfants pour les préserver des maladies contagieuses. N'avons-nous pas, aujourd'hui encore, des colliers d'ambre qui préservent des convulsions? L'opale mérite une place à part dans cette longue liste de talismans; c'est un talisman négatif, c'est-à-dire qu'il porte malheur à son propriétaire. Il y avait des talismans en or, sur lesquels était gravée une image du soleil et qui attiraient la faveur et la bienveillance des princes, les honneurs, les richesses; des talismans en argent, portant l'image de la lune, qui préservaient des maladies et des périls; des talismans en acier, qui vous rendaient invulnérables; des talismans en étain, sur lesquels on voyait la figure de Jupiter et qui vous donnaient l'éloquence, le bonheur dans le commerce et dans toutes les entreprises; d'autres talismans donnaient la science, la mémoire, procuraient des rêves agréables, préservaient de la goutte!...

Le fameux bouclier tombé du ciel, l'Ancile, conservé pieusement à Rome et qui devait préserver la ville, n'était pas autre chose qu'un talisman. Le célèbre cheval de Troie était un prétendu talisman qui devait empêcher la ville d'être prise. Voici, d'après l'historien Grégoire de Tours, ce qui arriva à Paris sous le règne de Chilpéric Ier. « On trouva dans les fossés de la ville un morceau de cuir sur lequel étaient les figures d'un rat, d'une rivière et d'un flambeau; malgré les supplications de ses courtisans, le roi fit brûler ce morceau de cuir. Lorsque cette nouvelle se répandit dans la ville, la consternation fut extrême, et chacun attendait avec effroi les ravages de l'eau, du feu et des rats. Ces malheurs, ajoute l'historien, ne pouvaient manquer d'arriver, car ce morceau de cuir était le talisman qui protégeait Paris contre ces fléaux. Dans la même année, il y eut des inondations, des incendies qui consumèrent la moitié de la ville, et les rats furent en nombre considérable! »

Les anneaux constellés, les amulettes, en honneur chez tous les peuples anciens... et modernes, sont de véritables talismans. Il faudrait un volume entier pour décrire toutes les pratiques superstitieuses des différents peuples. Nous montrerions l'Arabe couvrant son corps de bandes de parchemin sur lesquelles sont inscrits des versets du Coran; les Chinois portant des carrés de papier illustrés de signes mystérieux; les Thibétains portant dévotement suspendu au cou « un sachet contenant des excréments desséchés du grand lama »!

On a dit que les Hébreux avaient foi dans les amulettes; que beaucoup d'entre eux en portassent, cela me paraît certain, car tous les hommes sont enclins à la superstition; mais la loi de Moïse le leur défendait. Nous trouvons même dans le recueil de lois appelé *Mischna* une bien singulière recommandation concernant les amulettes. Le législateur, ne pouvant combattre des pratiques passées dans les mœurs, autorise les amulettes; mais il ajoute cette condition « qu'on ne pourra employer que des objets éprouvés et qui auront déjà guéri trois hommes » ! Comment se servir pour la première fois d'une amulette qui doit avoir préservé trois hommes? cette recommandation n'équivaut-elle pas à une proscription absolue?

Nous avons aujourd'hui encore la superstition des amulettes : beaucoup de gens ne conservent-ils pas avec soin de la corde de pendu? Nos femmes ne portent-elles pas aux bras des bracelets qu'elles appellent des porte-bonheur et aux doigts des bagues en fer qui préservent de la migraine? En Angleterre, les paysans clouent un fer à cheval sur leur porte pour éloigner les revenants!

Laissons donc de côté toutes ces croyances ridicules, restes des siècles d'ignorance ! Ne cherchez pas hors de vous-mêmes des talismans qui ne sauraient exister. Vous en possédez un qui vaut à lui seul toutes les baguettes magiques ! Avec ce talisman merveilleux, vous pouvez travailler utilement au bonheur de vos familles, travailler à la grandeur de notre pays, étendre le champ des connaissances humaines et préparer aux générations qui nous suivront une vie plus facile. Ce talisman admirable, dont il faut vous servir sans retard, car le temps lui enlève sa puissance, ce talisman béni qui vous permet de renverser tous les obstacles, amis, c'est votre jeunesse !

Sans doute, nous ne croyons plus à l'influence des astres sur l'avenir de nos enfants; nous ne faisons plus tirer leur horoscope au moment de leur naissance; nous n'envoûtons plus nos ennemis, et quand un général va livrer une bataille, il est plus préoccupé du nombre de ses combattants, du choix du terrain, des forces dont dispose l'ennemi, que des situations respectives des planètes Mars et Jupiter. Il semble donc que notre esprit s'est heureusement débarrassé des préjugés et des superstitions grossières de l'antiquité. Hélas ! nous avons rejeté bien des erreurs, il est vrai, mais nous en avons encore conservé beaucoup, et nous en avons même adopté de nouvelles qui peut-être eussent fait sourire ces anciens peuples dont on a l'habitude de se moquer.

Combien de personnes, au XIXe siècle, regardent le vendredi comme un jour néfaste et n'entreprendraient aucun voyage, aucune affaire ce jour-là! Les dates elles-mêmes jouent un grand rôle dans l'imagination puérile de certaines gens : le 13 est, paraît-il, un nombre détestable dont il faut craindre la funeste influence. Que dire alors des vendredis qui tombent le 13 du mois? Ce doivent être des jours terribles, à moins que les deux dangers accumulés, celui du vendredi et celui du 13, ne se neutralisent mutuellement, exactement comme les deux négations qui, selon la grammaire, valent une affirmation.

Parlerai-je des mille sottises que nous faisons chaque jour? Vous m'offrez un couteau, des ciseaux, un canif; je vous offre à mon tour une pièce de monnaie, car, vos cadeaux pouvant « couper l'amitié », je remplace le *cadeau* par un achat simulé. Sottise!

En me levant ce matin, j'ai vu une araignée! La journée me sera funeste; en me couchant, le soir, j'ai vu la même araignée! mes vœux seront exaucés. C'est ce qu'exprime le dicton bien connu :

Araignée du matin,
Chagrin;
Araignée du soir,
Espoir.

Pourquoi chagrin le matin et espoir le soir? parce que cela rime. Et c'est là la seule raison? la seule. Et beaucoup de gens ajoutent foi à cette absurde prophétie? beaucoup... Sottise!

Nous n'en finirions pas si nous voulions seulement énumérer les superstitions grossières qui troublent l'esprit de nos contemporains. Écoutez les conseils d'un homme superstitieux : Ne laissez pas sur la table les couteaux en croix. — Évitez avec grand soin ces sinistres présages : miroir cassé, salière renversée... — Si vous désirez la pluie, trempez un balai dans l'eau... Il n'y a qu'un mot qui puisse qualifier de pareilles paroles : sottise !

N'avons-nous pas aujourd'hui la manie des anagrammes, amusement qui consiste à former avec les lettres d'un nom un ou plusieurs mots dont le sens paraît s'appliquer à la personne dont il s'agit. Par exemple, avec le mot *nacre*, on forme les anagrammes suivantes : ancre, crâne, écran... La plus célèbre est l'anagramme de Napoléon : on a trouvé d'abord que ce nom est formé de deux mots grecs qui signifient *lion du désert*. Dans ces mots : *Napoléon, empereur des Français*, on trouve : « Un pape serf a sacré le noir démon ». Si de plus on enlève successivement chacune des lettres du nom de Napoléon, on trouve les mots :

Napoléon (1)
apoléon (6)
poléon (7)
oléon (3)
léon (4)
éon (5)
on (2)

qui, prononcés dans l'ordre indiqué par les chiffres de droite, forment en grec la phrase suivante : « Napoléon, étant le lion des peuples, allait détruisant les cités. » Toujours à propos de Napoléon, on a fait remarquer que dans ces deux mots : *Révolution française*, se trouvent ces mots : « Un Corse la finira ; » il est vrai qu'il faut ajouter quatre lettres laissées de côté et qui forment le mot *voté*.

On prétend que Pilate, s'adressant à Jésus, lui dit en latin : *Quid est veritas?* (Qu'est-ce que la vérité ?) et que Jésus, avec les mêmes lettres, répondit : *Est vir qui adest* (C'est l'homme qui est devant vous). Cette prétendue antiquité de l'anagramme nous paraît au moins hasardée. Les faiseurs d'almanachs n'ont pas manqué de faire l'anagramme de tous les hommes célèbres. Nous avons pris dans les différents recueils celles qui nous ont paru les plus intéressantes.

Louis treize, roi de France et de Navarre, a pour anagramme : « Roi très rare estimé, dieu de la Fauconnerie. »

Louis quatorze, roi de France et de Navarre, a pour anagramme : « Va, Dieu confondra l'armée qui osera te résister. »

L'anagramme de *frère Jacques Clément*, assassin du roi Henri III, donne ces mots : « C'est l'enfer qui m'a créé. » Dans les anagrammes les deux lettres *j* et *i* se prennent indifféremment l'une pour l'autre, ainsi que les lettres *u* et *v*.

Dans le nom de *Marie-Thérèse d'Autriche*, femme de Louis XIV, on trouve ces mots : « Mariée au roi très chrétien. »

Je ferais frémir mes lecteurs si je leur proposais la lecture d'un fameux poème latin dont le titre est Anagramméana. Ce poème, dû à un certain Bachet, contient 1200 vers dont chacun renferme une anagramme ! C'est certainement à cet auteur que s'appliqueraient justement les vers suivants, adressés par Colletet au poète Ménage :

Ménage, sans comparaison,
J'aimerais mieux tirer l'oison
Et même tirer à la rame,
Que d'aller chercher la raison
Dans les replis d'une anagramme.
Cet exercice monacal
Ne trouve son point vertical
Que dans une tête blessée ;
Et sur Parnasse nous tenons
Que tous ces renverseurs de noms
Ont la cervelle renversée.

On raconte que le poète Jean-Baptiste Rousseau voulut changer son nom parce que son père était cordonnier ; pendant quelque temps il signa ses ouvrages du pseudonyme de Verniettes. Il reprit en toute hâte le nom de son père aussitôt que les mauvais plaisants eurent fait ainsi l'anagramme de son pseudonyme : « Tu te renies. »

On sait que *François Rabelais* signa les deux premiers livres de son *Pantagruel* du pseudonyme Alcofribas Nasier, anagramme de son nom. Citons encore quelques anagrammes historiques.

Avec les lettres du nom de Jean Calvin, le grand réformateur, on a formé les mots « le vain Caïn ». Je n'ai pas besoin de dire que cette anagramme fut trouvée dans le camp catholique. D'ailleurs, circonstance assez bizarre, Calvin lui-même avait fait une anagramme en signant ses *Institutions chrétiennes* du nom de *Alcuinus*, anagramme de Calvinus.

L'abbé Miolan, physicien qui essaya en vain de diriger les ballons et dont l'appareil se déchira, n'aurait peut-être pas entrepris ses recherches s'il avait pu deviner qu'avec les lettres de son nom on ferait la phrase suivante : « Ballon abîmé. »

Mais voici une curieuse histoire : « Un nommé *André Pujom*, dit M. Rozan, fut assez habile pour trouver dans son nom : *Pendu à Riom*, et l'évènement confirma cette sinistre prédiction : poussé par la fatalité de l'anagramme, il se prit de querelle avec un Auvergnat, et, l'ayant tué, il fut conduit à la potence. » L'exécution eut-elle lieu à Riom? L'histoire ne le dit pas.

Voici encore un fait intéressant que nous empruntons au même auteur. Dans un bal donné au jeune Stanislas depuis roi de Pologne, treize danseurs portaient des boucliers sur chacun desquels était gravée l'une des treize lettres des mots : *Lescinia Domus* (maison de Leczinska). A la fin de chaque ballet, les danseurs se rangeaient de manière à former une phrase flatteuse pour le jeune prince. La dernière anagramme fut cette prédiction : *Scande solium* (monte au trône).

Il faut rendre cette justice à nos modernes faiseurs d'almanachs, qu'ils laissent de côté les grotesques prophéties qui faisaient l'admiration de nos pères. Nous ne trouvons plus dans leurs livres l'influence expliquée des planètes, des signes du Zodiaque, etc., sur l'avenir des hommes; ces messieurs se bornent à prédire le temps. Nous devons, même sur ce point, mettre en garde contre leurs affirmations.

On ne peut encore, dans l'état actuel de la météorologie, prévoir les caractères de l'année qui commence, des saisons qu'on va traverser et, à plus forte raison, des mois et des jours de cette année. Le Bureau météorologique envoie tous les matins, dans tous les ports, une dépêche indiquant l'état *probable* de la mer ce jour-là. Ainsi, les savants bornent leurs indications aux *probabilités* du temps pour le jour même, et l'on ajouterait foi à ces charlatans qui indiquent, sans hésiter, plusieurs années à l'avance, le temps qu'il fera le 15 août 1900!

Mais j'entends dire : « Nous avons quelquefois consulté ces almanachs et certaines prédictions se sont réalisées. » Je n'en doute pas, et l'extraordinaire serait que cela n'eût pas eu lieu. Comment! j'annonce pour la semaine prochaine de la pluie lundi, mercredi et vendredi et du beau temps pour les autres jours, et l'on s'étonne que sur ces sept prédictions deux au moins réussissent! Ne croyons pas que si le faux prophète s'est trompé cinq fois, on sera mis en garde contre sa vaine science. Par un phénomène psychologique bizarre, mais certain, ce qui frappe, ce sont les prédictions réalisées et non pas les autres, d'autant mieux que les annonces du temps sont faites avec un vague suffisant pour expliquer les déconvenues.

Il faut certes regretter que les noms des Matthieu Laensberg, des Nostradamus et des autres charlatans soient cent fois plus populaires que les noms des véritables bienfaiteurs de l'humanité, et que la science qui trompe les hommes soit plus goûtée, et j'ajouterai plus lucrative, que celle qui les instruit.

CHAPITRE VII

CURIOSITÉS DES NOMBRES

Un et deux. — Les trois grâces, les Furies, les Parques et les Nornes. — Les sorcières de Macbeth. — La Trimourti. — Les quatre éléments. — Le pont aux ânes. — Le pentagramme. — Abracadabra. — Le nombre sept. — Le nombre quatorze et la maison de Bourbon. — Le nombre vingt-huit et la guerre de 1870.

Un poète latin a dit que les livres avaient leur destinée et que bien souvent le sort était favorable aux uns, inexorable pour d'autres, sans motifs justifiés. Les nombres aussi ont leur destinée; quelques-uns d'entre eux ont été considérés comme divins, d'autres regardés comme fatals, sans qu'on sache bien au juste pourquoi. Chacun a d'ailleurs sa légende, qu'il n'est peut-être pas sans intérêt de rappeler.

A tout seigneur tout honneur : *Un* n'est pas à proprement parler un nombre; le nombre naît de la réunion de deux unités au moins. *Un* représente la divinité; à ce titre il était considéré comme sacré même par les peuples païens, dont l'Olympe était si largement peuplé. C'est le premier de ces nombres impairs, aimés des dieux, dit-on, sans que jamais les dieux aient consenti à nous donner quelque raison de cette étrange préférence.

Deux est le premier nombre pair; il nous rappelle le premier couple qui, d'après la légende biblique, vécut au paradis terrestre, désobéit à Dieu et fit condamner l'humanité au travail perpétuel. Nous pourrions bien trouver dans l'histoire de l'antiquité de nombreux incidents qui se groupent autour de deux personnages : Castor et Pollux, Oreste et Pylade, etc. ; nous nous bornerons à rappeler que le nombre deux indique les seules places militaires qui n'aient pas capitulé dans la malheureuse guerre de 1870-1871 : Bitche et Belfort.

Le nombre deux était considéré par les Romains comme un nombre néfaste. C'est pour cette raison que parmi les différents mois on donna le second rang à février, qui était consacré à Neptune et à Pluton, dieu des enfers, et que les fêtes en l'honneur des mânes avaient été placées le *deux* de ce mois.

Le nombre *trois* est particulièrement intéressant. Son nom, disent certaines étymologistes, vient d'un mot sanscrit *tar*, qui veut dire dépasser. On a pensé que cela voulait dire que trois dépasse deux, ce qui me paraît une naïveté, car tous les nombres dépassent celui qui le précède; peut-être pourrait-on trouver l'origine de ce nom dans ce fait que le troisième doigt de la main dépasse les quatre autres.

Les anciens avaient mille raisons de considérer le nombre trois comme sacré. Les trois Grâces, Aglaé, Thalie et Euphrosyne, composaient avec les Ris le cortège de Vénus. « Les Grâces présidaient à la gaieté, à l'harmonie, aux plaisirs honnêtes, aux charmes de l'éloquence, de la poésie, des œuvres d'art... Toute la Grèce était remplie de leurs temples, de leurs autels, de leurs statues. On les représentait sous les traits de jeunes filles, jeunes et charmantes, se tenant par la main, les cheveux retenus par une simple bandelette. Le printemps leur était particulièrement consacré, et l'on n'entrait dans leurs sanctuaires que couronné de fleurs. »

Les Furies et les Parques étaient au nombre de trois. Tisiphone, Mégère et Alecton, les trois Furies, exécutaient les arrêts de Pluton et de Minos, dieu et juge des enfers. « On les représente avec un air sévère et menaçant : des serpents entrelacés sifflent autour de leur tête; elles tiennent d'une main une torche enflammée et de l'autre un fouet de couleuvres. »

On raconte que les anciens, pour calmer les Furies, les appelaient *Euménides*, c'est-à-dire *douces;* pour la même raison, ils appelaient Pont-Euxin, c'est-à-dire mer hospitalière,

LES TROIS PARQUES.

la mer Noire, si célèbre en naufrages. Les déesses chargées de mesurer la vie aux mortels avaient reçu le nom d'*Épargneuses* (Parques vient du latin *parcere*, épargner), probablement parce qu'elles n'épargnaient personne. Clotho présidait à la naissance: elle tenait à la main le fuseau sur lequel s'enroulait le fil de la vie. Lachésis filait les jours et les évènements de la vie. Atropos, l'aînée des trois sœurs, tranchait avec ses fatals ciseaux le fil de l'existence.

Dans la mythologie des peuples du Nord on trouve trois déesses qui ont exactement les mêmes attributions que les

Parques : ce sont les *Nornes*, déesses du passé, du présent et de l'avenir. La légende rapporte que le dieu Odin, s'approchant un jour d'une belle piscine, vit trois cygnes merveil-

ODIN VIT TROIS CYGNES.

leux. « Il leur adressa la parole, leur demandant s'ils possédaient le secret de la sagesse. Les cygnes plongèrent tout à

LES TROIS CYGNES PLONGÈRENT.

coup sous l'eau, et à leur place apparurent trois femmes, belles toutes trois, quoique à trois étages différents de la vie. C'étaient les Nornes. La première, nommée *Urda*, savait le passé; la seconde, nommée *Vérandi*, voyait sous ses yeux se dérouler le présent heure par heure, minute par minute; et quand aujourd'hui était devenu hier, sa sœur aînée recueillait le jour défunt et l'inscrivait sur son registre. Enfin *Skulda*, la troisième, la Norne de l'avenir, jouissait du don précieux de voir clairement s'agiter devant elle les germes des évènements futurs et de pouvoir prédire avec certitude l'époque et les conséquences de leur éclosion. »

Dans sa belle tragédie de *Macbeth*, Shakespeare met en scène trois sorcières qui sont restées comme le type des créatures infernales; on retrouve en elles les Furies de la mythologie grecque et de la mythologie romaine. « Les trois sorcières sont accroupies dans une lande déserte. A droite, grondent les flots de la mer houleuse qui déferle sur les sables; à gauche, la guerre, la mêlée, les passions furieuses, le sang qui coule. Les Norvégiens sont descendus pour piller les terres. Macbeth et son ami Banquo se battent pour le roi Duncan... Les sorcières s'interpellent ainsi :

PREMIÈRE SORCIÈRE.

Quand nous reverrons-nous toutes les trois,
Sous la foudre, ou l'éclair, ou la pluie?

DEUXIÈME SORCIÈRE.

Quand ils auront terminé leur brouhaha,
Quand la bataille, perdue et gagnée, sera finie.

TROISIÈME SORCIÈRE.

Avant le soleil couché, tout sera fait.

PREMIÈRE SORCIÈRE.

Oh! oh! chat Graymalkin, tu m'appelles,
Je suis à toi, j'arrive.

LES TROIS SORCIÈRES.

Paddock nous attend, le crapaud nous demande
Nous voici.
Le beau, c'est l'affreux; l'affreux, c'est le beau.
Dans l'air épais, dans la brume infecte,
Glissons, passons, fuyons. »

On sait que les trois sorcières annoncent à Macbeth qu'

sera roi et font ainsi germer dans l'esprit de cet homme faible l'idée de gagner le trône par le meurtre.

Le nombre trois ne s'applique pas seulement à un grand nombre de déesses des différentes mythologies; on le retrouve pour ainsi dire à chaque pas. Trois dieux avaient le gouvernement du monde : Jupiter, Neptune et Pluton; Diane avait

LA TRIMOURTI.

trois visages; Cerbère avait trois têtes. Les ministres de Pluton, les juges des enfers, étaient Minos, Éaque et Rhadamante, au nombre de trois. Dans la mythologie des Hindous apparaissent trois dieux : Brahmâ, Siva et Vichnou; l'un est l'organisateur du monde; Vichnou est le conservateur de la création; Siva est le dieu destructeur. La réunion de ces trois divinités compose la *Trimourti* ou trinité indienne. « On représente la Trimourti par trois têtes sur un seul corps.

La première, avec une longue barbe, figure Brahmâ; d'une main il porte la chaîne des êtres, de l'autre il tient l'urne contenant l'eau qui féconde la terre. A sa gauche est Vichnou, à la physionomie jeune et aimable; à sa droite Siva, avec une expression de barbarie féroce. »

Nous parlerons un peu plus loin de quelques propriétés spéciales du nombre trois; disons rapidement qu'aujourd'hui encore il joue un certain rôle dans notre langage et dans nos mœurs. Comment nous informe-t-on dans nos théâtres que la pièce va commencer? en frappant trois coups. Que disent nos proverbes? le troisième coup fait feu.

Nous nous rappellerons enfin : que notre drapeau français a trois couleurs; que les états généraux avaient trois ordres : le clergé, la noblesse, le tiers état; que Napoléon a rendu célèbres trois îles : la Corse, l'île d'Elbe, Sainte-Hélène. Rappelons, suivant la remarque de M. Tarnier, qu'il y a eu trois groupes de trois frères ayant été successivement rois de France et dont le dernier a chaque fois terminé une branche royale : les trois fils de Philippe le Bel (Louis X, Philippe V, Charles IV); après ce dernier commence la branche des Valois. Les trois fils de Henri II (François II, Charles IX, Henri III); après ce dernier commence la branche des Bourbons. Les trois petits-fils de Louis XV (Louis XVI, Louis XVIII, Charles X); après ce dernier commence la branche d'Orléans.

Le nombre quatre a une histoire plus courte. Nous nous contenterons de signaler : les quatre saisons de l'année, les quatre règles de l'arithmétique, les quatre points cardinaux, les quatre âges principaux de la vie : l'enfance, la jeunesse, l'âge mûr et la vieillesse. Nos dictons sont nombreux : être tiré à quatre épingles, se mettre en quatre, couper un cheveu en quatre, faire le diable à quatre, n'y aller pas par quatre chemins, etc... Enfin et surtout le nombre quatre est celui des éléments. Expliquons rapidement ce que cela veut dire :

450 ans avant J.-C. vivait un philosophe grec dont la vaste intelligence embrassait toutes les connaissances humaines. Il s'appelait Empédocle, était né à Agrigente, en Sicile, et cultivait à la fois la philosophie, la poésie, la médecine, la musique et les sciences physiques. En Grèce on le regardait comme un dieu. « Il ne paraissait en public que vêtu de pourpre, chaussé de sandales d'airain, les cheveux flottants et couronné de rameaux sacrés, suivi d'un nombreux cortège, *révélant* ses doctrines, qui ressemblaient à des prescriptions religieuses et avaient parfois l'obscurité des oracles, croyant lui-même à sa mission divine et acceptant l'apothéose après avoir refusé la royauté. » On raconte qu'après avoir expliqué presque tous les phénomènes de la nature, il essaya de découvrir la cause des éruptions de l'Etna et, ne pouvant y parvenir, se précipita dans le volcan. Le gouffre rejeta, dit-on, la sandale du philosophe.

Empédocle professait que la matière est éternelle; qu'elle est soumise à l'action de deux puissances : l'amitié (nous l'appelons maintenant pesanteur) et la discorde (c'est ce qu'on nomme force répulsive). Le mouvement, né de la lutte de ces deux puissances, obéit à quatre forces : le feu, la terre, l'air et l'eau. Ce sont les quatre éléments. « L'Air était représenté sous la figure d'Iris avec son voile flottant, de Junon avec son paon, de Zéphyr avec de petites ailes, d'Éole, roi des vents, avec son outre. L'Eau fut tantôt une naïade avec son urne, un fleuve avec un gouvernail à la main, Neptune avec son trident, un triton avec sa conque, une néréide avec un dauphin. Vulcain fut la personnification par excellence du Feu; mais cet élément fut désigné souvent encore par une vestale placée près du foyer sacré. La Terre fut personnifiée par Cybèle ou par la déesse Tellus. » Parmi les attributs de la Terre, on voyait la corne d'abondance, les épis, le lion et même la taupe. L'Eau avait pour attributs les plantes aquatiques, le dauphin, le hareng. La salamandre représentait le

Feu. Le caméléon personnifiait l'Air. On croyait que tous les corps de la nature sont formés avec ces quatre éléments, qui, eux, au contraire, sont des substances indécomposables. Vous savez que la science moderne a détruit toutes ces fausses doctrines : la terre est un composé des substances les plus diverses; l'eau est formée de deux gaz qu'on appelle oxygène et hydrogène; le feu est le produit de la combustion de gaz très divers; l'air est un mélange de deux gaz : l'oxygène, qui entre déjà dans la composition de l'eau, et l'azote. La doctrine des quatre éléments, acceptée pendant un grand nombre de siècles, n'a pas été étrangère au culte superstitieux que les anciens rendaient au nombre quatre.

Les nombres trois, quatre, et surtout sept (somme de trois et de quatre) étaient considérés par les anciens comme des nombres sacrés. Avant d'en expliquer la raison, j'ai besoin de faire une légère incursion sur les terres de la géométrie; mais, que nos lecteurs se rassurent, je serai très bref et aussi peu ennuyeux que possible.

Vous connaissez la figure de géométrie qu'on appelle triangle rectangle : deux des côtés servent à former l'angle droit; le troisième côté a un nom bizarre, *hypoténuse*, qui vient du grec et qui rappelle précisément qu'il est opposé à l'angle droit.

On étudie en géométrie les propriétés de cette figure et l'une d'elles est bien connue des écoliers sous le nom de *pont aux ânes*. Je ne sais plus quel est le poète (!) qui, ayant voulu mettre la géométrie en vers, énonçait ainsi la propriété que je rappelle :

> Le carré de l'hypoténuse
> Est égal, si je ne m'abuse,
> A la somme des carrés
> Faits sur les deux autres côtés.

En langage ordinaire, cela veut dire : si les deux côtés de l'angle droit d'un triangle rectangle ont, par exemple, l'un

3 mètres, l'autre 4 mètres de longueur, et que, par conséquent, les carrés construits sur ces côtés aient respectivement pour surfaces 9 et 16 mètres carrés, la surface du carré construit sur l'hypoténuse sera de 9 + 16 ou 25 mètres carrés.

On raconte que lorsque le célèbre philosophe grec Pythagore eut trouvé le résultat que nous venons d'indiquer, il fut

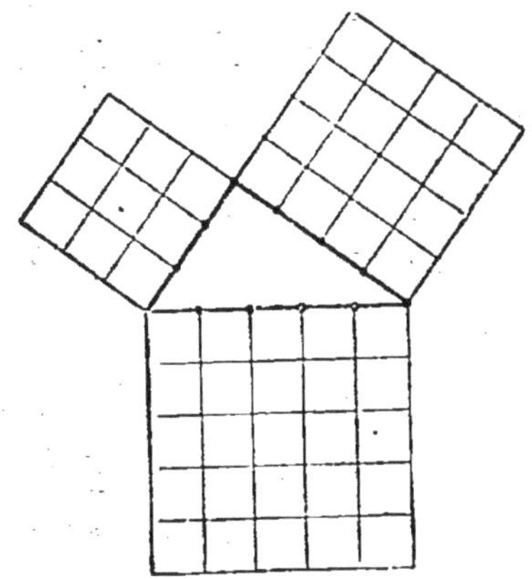

CARRÉ DE L'HYPOTÉNUSE.

rempli d'une joie si vive, qu'il se hâta d'offrir un magnifique sacrifice aux dieux! S'il eût vécu de nos jours, Pythagore se serait contenté d'adresser une note à l'Académie des sciences, afin de s'assurer la priorité de sa découverte. Nous dirons tout à l'heure comment les anciens interprétaient le résultat de Pythagore; essayons, pour l'instant, de découvrir l'origine de ce nom, *pont aux ânes*, qui est actuellement donné au théorème de géométrie que nous avons énoncé.

Un pont aux ânes, cela veut dire, en général, une chose excessivement facile; on donne ce nom à un obstacle qu'il est aisé de vaincre et dont seuls les ignorants et les impuissants ne peuvent se rendre maîtres. Voici, d'après une farce[1]

1. On donnait autrefois le nom de farces à des pièces de comédie burlesques, c'est-à-dire dans lesquelles les bouffonneries étaient outrées et hors de nature. Certaines pièces de Molière, *les Fourberies de Scapin*, *la Comtesse d'Escarbagnac*, sont de véritables farces.

du XVe siècle, rappelée par M. Rozan, quelle serait l'origine de cette locution.

Un homme dont l'épouse était acariâtre, cela arrivait parfois... au XVe siècle, va consulter un grave docteur sur les moyens de la rendre docile. Saint-Jourd'hui (c'est le nom du docteur) se contente de lui dire : « Allez sur le pont aux ânes. » Le mari ne s'explique pas d'abord le sens de ces paroles; mais à la fin, voyant qu'il n'obtient pas d'autre réponse, il va, suivant le conseil qu'il a reçu, se poster sur le pont où passent d'ordinaire les ânes du village. Là il voit un bûcheron qui frappe à tour de bras sur son âne pour le faire avancer. La lumière se fait aussitôt dans son esprit, il comprend la parabole du docteur et rentre chez lui pour la mettre à profit. Il demande à souper, on raisonne; il saisit un gourdin, et, sans rien vouloir entendre, il parle haut le langage du bûcheron. La femme crie, le mari frappe, et bientôt on lui promet de se soumettre à toutes ses volontés. Le moyen était bon, rien n'était plus simple que de le trouver : c'était le *pont aux ânes*.

Mais revenons à notre nombre sept. Le triangle était autrefois l'emblème de la divinité; dans l'église catholique même on représente la Trinité sous la forme d'un triangle au milieu duquel est inscrit en caractères hébraïques le nom de Jéhovah.

Parmi tous les triangles, l'un d'eux était l'objet d'une vénération toute spéciale : c'est le triangle rectangle, qui possède un *angle droit*, ce commencement de toutes les qualités. L'angle aigu et l'angle obtus, ou, comme disaient les anciens, le *mousse* et le *pointu*, rappellent une irrégularité, un désordre, une inégalité; en effet, un angle peut être plus mousse ou plus pointu qu'un autre. « Mais le droit ne reçoit pas de comparaison, dit le philosophe Philon, ne pouvant un angle être plus droit qu'un autre. » De plus, on observe que les trois nombres consécutifs 3, 4 et 5 peuvent représenter les trois côtés d'un triangle rectangle, et qu'il n'y pas d'autres nombres consécutifs qui jouissent de la même propriété. On voit en effet que 3×3 plus 4×4 donne précisément 25, c'est-à-dire 5×5.

Les deux nombres trois et quatre, qui expriment les longueurs des deux côtés de l'angle droit d'un pareil triangle, étaient pour cette raison considérés comme sacrés. « Si donc, continue Philon, le triangle rectangle est le commencement des figures et qualités, et si la substance du *sept*, qui est le trois et le quatre, cause l'angle droit, à bonne raison le sept sera estimé la source de toutes les figures et qualités. »

La même idée se retrouve dans Plutarque. Les Égyptiens, dit-il, paraissaient s'être figuré le monde sous la forme du plus beau des triangles, de même que Platon semble l'avoir employé comme symbole du mariage. Ce triangle a son côté vertical composé de 3 (symbole du mari), la base de 4 (symbole de la femme), l'hypoténuse de 5 parties (symbole des enfants).

Les deux nombres trois et quatre avaient d'ailleurs de bien autres mérites : le quatre est le nombre des éléments, le trois représente l'harmonie parfaite, à ce point que tous les multiples de trois sont composés de chiffres qui, additionnés ensemble, reproduisent un multiple de trois. Ainsi :

$$12 \times 3 = 36; \quad \text{or,} \quad 3 + 6 = 9 = 3 + 3 + 3.$$
$$80 \times 3 = 240; \quad \text{or,} \quad 2 + 4 + 0 = 6 = 3 + 3.$$

Cette propriété est démontrée en arithmétique. On en déduit le caractère de divisibilité suivant : Un nombre est divisible par 3 quand la somme de ses chiffres, considérés comme des unités simples, donne un nombre divisible par 3. La même règle s'applique au nombre 9.

Le nombre cinq, formé par l'addition du premier nombre pair 2 et du nombre impair 3, était, nous venons de le dire, l'emblème des enfants : cela ressort de nos remarques sur le triangle rectangle. A Rome, ce nombre était placé sous la protection de Junon. C'est le cinquième jour après sa naissance qu'à Athènes le nouveau-né recevait son nom, au milieu de fêtes appelées *Amphidromées*. « On invitait à un repas du soir les parents du père et de la mère; les invités apportaient des cadeaux; la maison était ornée à l'extérieur de rameaux d'olivier pour un garçon, de guirlandes de laine pour une fille. L'enfant était porté autour du foyer et prése ainsi aux dieux de la maison et de la famille; alors on lui donnait son nom. »

Cinq représente le nombre des doigts de la main et a servi, pour cette raison, de base naturelle de numération chez divers peuples; notre système décimal repose, comme l'on sait, sur le nombre dix des doigts de nos deux mains. En latin, cinq se dit *quinque* et en grec *penta;* aussi les noms dérivés de cinq ont-ils des formes très diverses. Vous connaissez le quine, suite de cinq numéros sur lesquels on mettait jadis à la loterie et dont on ne parle plus guère qu'au jeu de loto; l'intervalle de cinq notes consécutives de musique appelé quinte; les morceaux de musique à cinq parties nommés quintettes; le cinquième jour, quintidi, du calendrier républicain; le mois de juillet chez les Romains, *quintilis*, alors que l'année commençait en mars; les adjectifs quinze, quinzaine, quintuple, etc...

En grec, avons-nous dit, le nombre cinq s'appelle *pente*, et nous retrouvons cette racine dans les mots : *pentacorde*, lyre grecque à cinq cordes; *pentagone*, figure de géométrie qui a cinq angles; *pentaple*, coupe que l'on donnait en Grèce pour prix de la course et qui était ainsi nommée parce qu'elle contenait, au moment où on l'offrait au vainqueur, du vin, du miel, de l'huile, de la farine et du fromage, cinq objets différents; *Pentateuque*, nom donné à l'ensemble des cinq premiers livres de la Bible; *Pentecôte*, cinquantième jour après Pâques, etc.

Le nombre cinq se retrouve dans un grand nombre de circonstances.

Il y a cinq voyelles. Rappelons que ces cinq voyelles étaient autrefois les initiales de la devise de la maison d'Autriche : *Austriæ est imperare orbi universo*, ce qui veut dire : « l'Autriche doit commander à toute la terre. »

La main a cinq doigts : le *pouce*, l'*index* ou indicateur, le *médius*, doigt du milieu, l'*annulaire*, où se place l'anneau du mariage, et l'*auriculaire*, ainsi nommé parce que sa petitesse permet de l'introduire dans l'oreille (*auricula*).

Il y a cinq sens : le toucher, la vue, l'ouïe, l'odorat, le goût.

Nous avons déjà montré, en parlant du triangle rectangle, comment était intervenu le nombre cinq; la figure de géométrie qui s'appelle pentagone avait des propriétés magiques universellement reconnues autrefois.

Quand on divise une circonférence en cinq parties égales et qu'on joint les points de division, on obtient la figure de géométrie appelée *pentagone;* si l'on joint les points de division seulement de deux en deux, on obtient un pentagone d'une forme particulière, qui s'appelle en géométrie *pentagone étoilé*. Cette figure a des propriétés géométriques très

PENTAGRAMME.

intéressantes qu'il ne nous est pas possible d'indiquer ici; elle porte encore le nom de *pentagramme*, du mot *gramma* qui signifie trait, parce qu'on s'appliquait à la former d'un seul trait. Cette figure était le symbole auquel se reconnaissaient, dans l'antiquité, les disciples de Pythagore. Voici une anecdote à ce sujet : « Un pythagoricien entra un jour, après une longue marche, dans une hôtellerie. Épuisé de fatigue, il tomba malade. L'hôtelier, touché de compassion, l'entourait des soins les plus affectueux. Cependant la maladie s'aggrava; le pythagoricien, qui était pauvre, sentant sa fin approcher, inscrivit un symbole (le pentagramme) sur une tablette qu'il remit à son hôte en l'engageant à l'exposer de manière que tous les habitants pussent l'apercevoir. « Vous ne regretterez pas, lui dit-il, de m'avoir fait du bien; ce symbole en répondra. » Le malade mourut et l'hôtelier l'ensevelit honorablement. La tablette était déjà depuis longtemps exposée comme enseigne, lorsqu'un jour un voyageur y reconnut le symbole sacré : c'était un pythagoricien; il descendit chez l'hôtelier et le rémunéra largement. »

Ce pentagramme était le signe de la santé chez les pythagoriciens, et l'on m'affirme qu'aujourd'hui encore, dans certaines campagnes d'Alsace, on place au mur cette figure symbolique dès qu'une femme est malade. Le pentagramme était gravé sur certaines monnaies grecques, ainsi que sur des pierres employées au moyen âge contre les sorcelleries et contre les maladies. Ces pierres portaient le nom d'*abraxas*, nom que l on a voulu voir venir de l'hébreu, du grec, du copte, etc.; quelques auteurs pensent que ce nom ne signifie absolument rien et qu'il est simplement formé de la réunion de *lettres numériques* donnant le nombre 365. On sait que chez différents peuples les chiffres et même les nombres étaient représentés par des lettres. Sans entrer dans aucun détail, nous rappelons seulement que chez les Romains les lettres M, D, C, L, représentaient les nombres 1000, 500,100, 50. Abraxas, tout comme le mot Mithra, qui désigne le soleil, signifierait donc le nombre 365, nombre sacré, rappelant entre autres merveilles la durée de la révolution du soleil. Ces pierres abraxas, qui proviennent de la Syrie, de l'Égypte, de l'Espagne, et qui étaient des talismans, portaient, outre le mot *abraxas*, des figures fantastiques : têtes de lion, de coq, de serpent, et enfin cette figure à cinq côtés que nous avons appelée pentagramme. On voyait quelquefois aussi gravé ce mot magique : *abracadabra*, qui avait, paraît-il, la propriété de préserver des maladies. Mais, pour que ce mot eût toute son efficacité, il fallait que les lettres fussent disposées en triangle de manière qu'on pût le lire dans tous les sens :

A B R A C A D A B R A
B R A C A D A B R
R A C A D A B
A C A D A
C A D
A

Ce mot, qui vient probablement du mot *abraxas*, était gravé sur une pierre ou écrit sur un morceau de papier carré. « Il fallait, dans ce dernier cas, plier le papier de manière à cacher l'écriture et le piquer en croix avec un fil blanc. Puis le malade suspendait cette amulette à son cou et la portait pendant neuf jours. Au bout de ce temps il devait aller en silence, de grand matin, sur le bord d'une rivière qui coulait vers l'orient, détacher de son cou le morceau de papier et le jeter derrière lui sans l'ouvrir !

On sait que la lettre *a* s'appelle en grec *alpha;* on se servait autrefois comme sceau magique du pentagone étoilé qu'on appelait *pentalpha*, parce que les cinq angles formaient autant d'alpha.

Arrivons au nombre sept, d'essence divine, car il est formé des nombres sacrés 3 et 4. D'ailleurs, parmi les dix premiers nombres, il n'en est qu'un qui ne soit ni père, ni fils : c'est le nombre sept. Je m'explique.

Les anciens faisaient remarquer qu'en laissant de côté l'unité, qui est l'essence de la Divinité, tous les nombres de 1 à 10 sont formés par un nombre qui précède ou servent à former un des nombres qui suivent. Par exemple, 2 engendre le 4, le 6, le 8 et le 10; 3 engendre le 6 et le 9; 4 est engendré par 2 et engendre 8; 5 engendre 10; 6, engendré par 2 et par 3, n'a pas de fils; 8 a pour pères 2 et 4; 9 est issu de 3; 10 provient de 5. Deux nombres sont particulièrement remarquables : le 4, qui a un père (2) et un fils (8); mais surtout le 7, qui n'a ni père ni enfants. « Pour cette cause, aucuns philosophes font semblable ce nombre sept à Minerve, qui n'eut point de parents et qui fut produite de la tête de Jupiter. Les pythagoriciens comparent ce nombre au gouverneur de l'Univers. »

A toutes ces qualités du nombre sept il faut en ajouter bien d'autres encore. Il représente :

Le nombre des planètes connues des anciens et par conséquent le nombre des jours de la semaine, puisque chacun de ces jours était consacré à l'un des sept dieux qui avaient eux-mêmes donné leurs noms aux astres errants;

Les sept anges dont l'existence est affirmée dans la théologie des Chaldéens, des Perses et des Arabes, ainsi que les sept portes par où passent les âmes pour aller au ciel, etc.

L'histoire du nombre sept exigerait un volume entier. Bornons-nous à signaler :

Les sept jours de la semaine.
Les sept couleurs du prisme.
Les sept merveilles du monde.
Les sept péchés capitaux.
Les sept sages de la Grèce.
Les sept collines de Rome.
Les sept sons de la statue de Memnon.
Les sept étages de la tour de Babel.
La guerre des sept chefs.
Les sept martyrs sous Antiochus, etc., etc.

Comment les anciens n'auraient-ils pas considéré, dans leurs almanachs, que le septième jour de chaque mois devait être un jour consacré lorsqu'on ajoute aux remarques précédentes : que c'est à sept ans que les enfants sont, dit-on, responsables de leurs actions; que tous les sept ans, d'après les médecins, l'homme change de tempérament; enfin que la vie humaine a sept âges. Voici, d'après le législateur athénien Solon, comment la vie humaine est divisée :

L'enfant qui la parole encore ne peut former
Peut le parc de sa bouche à *sept* ans enfermer
Du beau clos de ses dents. Mais à *quatorze* années
Il espère de voir ses joues cotonnées.
Et l'an *vingt et unième* il n'a sitôt atteint
Que la barbe se mêle aux roses de son teint.
Il commence dès lors d'être fort : mais de l'homme
Jusqu'à *vingt et huit ans* la force ne se nomme.
Et depuis vingt et huit jusqu'à *trente-cinq* ans,
Il se veut marier et avoir des enfants.
Jusqu'à *quarante-deux* les pensées viriles
Lui font du tout laisser les choses puériles;
Puis à *quarante-neuf* sa langue et son esprit
Sont propres pour vacquer aux choses de profit,
Et les sept qui après à ce nombre s'assemblent
Sont les ans plus entiers et qui plus se ressemblent.
Jusqu'à *soixante-trois* plus faible et languissant,
De conseil et sagesse il est encore puissant.
Mais qui pourra toucher le septantième âge
Heureusement mourra en temps et en meur âge.

Les multiples de sept sont également des nombres curieux. Passons-les rapidement en revue :

Quatorze, 2 fois 7, est le nombre fatidique de la maison de Bourbon. Henri IV, le chef de la maison, s'appelait Henri de Bourbon : il y a quatorze lettres dans ce nom. Il naquit en 1553 (la somme de ces chiffres est 14), quatorze siècles, quatorze décades et quatorze ans après Jésus-Christ. Le jour de sa naissance fut le 14 décembre. Il remporta la victoire d'Ivry le 14 mars (1590) et mourut le 14 mai (1610), à l'âge de 56 ans, soit quatre fois quatorze ans. Sa seconde femme Marie de Médicis (ce nom a 14 lettres) était née le 14 mai; le mariage eut lieu en l'an 1600 (la somme des chiffres, 7, est la moitié de 14). Quatre fois 14 ans avant l'assassinat de Henri IV par Ravaillac, Henri II promulguait un édit qui ordonnait l'élargissement de la rue de la Ferronnerie, celle même où fut assassiné Henri IV; cet édit fut promulgué le 14 mai.

Le premier roi de France qui porta le nom d'Henri, le petit-fils de Hugues Capet, après avoir vaincu sa mère Constance et les grands vassaux qui voulaient donner la couronne à son frère Robert, se fit sacrer roi le 14 mai 1031. Son frère fonda la première maison capétienne de Bourgogne en prenant le titre de *duc de Bourgogne* (14 lettres).

Louis XIII ou treizième, fils de Henri IV, avait également quatorze lettres dans son nom. Il tint les états généraux en 1614, à 14 ans, et mourut le 14 mai 1643; les chiffres qui composent cette date donnent un total de 14.

Louis XV mourut en 1774. Louis XVI, dont nous allons parler tout à l'heure, convoqua les états généraux la quatorzième année de son règne.

Il s'écoula quatorze fois quatorze ans entre la conversion de Henri IV, date véritable de l'avènement des Bourbons, et la révolution de 1789. La restauration des Bourbons eut lieu en 1814. Les quatre chiffres de ce nombre additionnés donnent un total de 14!

Le malheureux roi Louis XVI paraît avoir subi l'influence de deux multiples de 7 : le 14, comme nous venons de l'indiquer, et le 21, trois fois sept. C'est un 21 qu'a lieu à Paris le gala nuptial du mariage du roi; c'est un 21 qu'on fête à l'Hôtel de Ville la naissance du dauphin, Louis XVII; c'est un 21 (janvier 1791) qu'a lieu l'arrestation du roi à Varennes, enfin c'est un 21 (janvier 1793) que le roi meurt sur l'échafaud.

Le quatrième multiple de sept, 28, n'est pas moins intéressant. Ce nombre, disent les anciens, « est fort propre et convenable à remettre la Lune en son premier état ». On sait, en effet, que c'est à peu près au bout de 28 jours que la lune a décrit en entier le cercle qu'elle parcourt autour de la terre. C'est également en 28 jours qu'elle fait un tour complet sur elle-même, ce qui explique pourquoi nous ne voyons jamais que la même moitié de l'astre. Mais le nombre 28 a aussi son histoire spéciale. M. Tarnier a résumé dans le tableau suivant les faits curieux de l'histoire de la campagne de 1870 qui coïncident avec le nombre fatal dont nous parlons.

C'est un 28 (septembre 1870) qu'a lieu la reddition de Strasbourg par le général Uhrich.

C'est un 28 (octobre 1870) qu'a lieu la reddition de Metz par le maréchal Bazaine.

C'est un 28 que la petite commune du Bourget est prise sur les Allemands par les francs-tireurs de la Presse; mais elle est presque immédiatement reprise par nos ennemis.

C'est un 28 que les Allemands occupent Amiens.

C'est un 28 (décembre 1870) que commence le bombardement des forts de l'est de Paris et que nous évacuons le plateau d'Avron.

C'est un 28 (janvier 1871) que les Parisiens mettent bas les armes.

C'est un 28 que l'Assemblée vote l'urgence sur le projet de loi relatif aux préliminaires de la paix.

C'est un 28 qu'a lieu à Bruxelles la première réunion des plénipotentiaires.

C'est un 28 (mars 1871) que la Commune est proclamée à Paris.

Il faut se borner. Nous rappellerons donc, sans insister, que la Pentecôte tombe sept semaines après Pâques, que dans l'Inde les *maraouts*, ou vents, sont au nombre de sept fois sept et forment le cortège de Roudra, dieu des tempêtes.

Les nombres dix et douze étaient également des nombres consacrés. Dix n'est-il pas le nombre des doigts de la main? Ne représente-t-il pas les dix plaies d'Égypte, le schisme des dix tribus d'Israël...?

Douze est le produit des deux nombres divins : 3 et 4. Il ne représente pas seulement les douze petits prophètes hébreux[1] et les douze apôtres de Jésus-Christ[2]; c'est le nombre des constellations que le soleil parcourt sur le zodiaque; c'est le nombre des mois de l'année; c'est le nombre consacré qui a servi à fixer les heures de la journée, 2×12; le nombre des minutes contenues dans l'heure, 5×12, ainsi que le nombre des secondes contenues dans chaque minute; c'est enfin la base de ce système de numération appelé duodécimal, qui n'a été que partiellement remplacé par le système décimal, dont la base est dix. Nous venons de rappeler, en effet, que les divisions du temps sont fondées aujourd'hui encore sur le nombre 12; il en est de même de la division du cercle, 360 degrés étant un multiple de 12, ainsi que le nombre des minutes et des secondes d'*arc* qui forment la longueur du degré.

Nous pourrions consacrer des volumes entiers à l'histoire légendaire des nombres. Bornons-nous, en terminant ce chapitre, à rappeler que le nombre 13 est encore aujourd'hui considéré comme néfaste et que si, par exemple, vous êtes treize à table, l'un des convives doit mourir dans l'année ! On a fait observer, à propos de cette sotte superstition, qu'il y avait un cas où, en effet, il était dangereux d'être treize à table : c'est quand il n'y à manger que pour douze personnes.

1. Ozée, Joël, Amos, Abdias, Jonas, Michée, Nahum, Habacuc, Sophonie, Aggée, Zacharie, Malachie.

2. Pierre, André, Jacques, Jean, Philippe, Barthélemy, Thomas, Mathieu, Jacques fils d'Alphée, Thaddée, Simon, Judas

CHAPITRE VIII

LES NUITS POLAIRES

Culte du soleil. — Longueur des jours suivant les saisons. — Nuits polaires. Retour du soleil. — Soleil de minuit. — L'aurore polaire.

A mesure qu'on s'avance vers les pays septentrionaux, le froid devient de plus en plus vif, la mer se ferme devant les navires et leur oppose un mur de glace. Jusqu'ici aucune des nombreuses expéditions polaires n'a pu atteindre le pôle, précisément à cause de ces gigantesques banquises de glace qui, immobiles, sont un obstacle infranchissable et, flottant sur les eaux, sont capables de briser, en les heurtant, les vaisseaux du plus fort tonnage.

Au milieu de ces solitudes glacées, le voyageur peut bien braver impunément les froids rigoureux des hivers polaires; il peut encore affronter avec calme les mille dangers auxquels il est exposé chaque jour; il ne peut jamais s'habituer à l'obscurité qui règne, six mois durant, sur ces contrées abandonnées du soleil.

Pour nous, habitants des moyennes latitudes, le retour des journées grises et des longues soirées de l'hiver nous cause parfois une tristesse profonde, et cependant ne devons-nous pas nous estimer mille fois plus heureux que les habitants des contrées polaires, qui durant six mois sont plongés dans la plus profonde obscurité?

J'aime le soleil! Je comprends, sans les partager bien entendu, les sentiments d'adoration que les premiers hommes manifestaient à la vue de l'astre radieux. La lumière, disaient-ils, c'est le Bien; l'obscurité, c'est le Mal. Les saisons étaient pour eux le résultat des batailles que le dieu Soleil livrait contre Arhiman ou Typhon, prince des Ténèbres.

J'aime le soleil, qui nous distribue généreusement la chaleur et la lumière! J'aime le soleil, qui mûrit les moissons et dore les fruits de la vigne! Sous l'influence de ses bienfaisants rayons, il semble que l'on vit plus et mieux, que les pensées sont plus riantes, que l'esprit est plus reposé. Et j'ai souvent souhaité un printemps perpétuel... dont notre esprit mobile se fatiguerait peut-être.

Dans certains pays du globe les journées sont uniformément divisées en deux moitiés égales par le jour et la nuit. Quelle que soit la saison, le soleil reste douze heures au-dessus de l'horizon. Tous ces pays sont distribués le long de l'équateur terrestre; c'est dans ces contrées fortunées que le culte du Soleil a pris l'importance la plus grande. Les populations primitives de l'Inde plaçaient le dieu Sourya, le Soleil, au-dessus de toutes les autres divinités. Au Pérou, l'Être suprême, Patchacamac, est le Soleil lui-même. Les Incas, qui habitaient le Pérou avant la conquête espagnole, se prétendaient fils du Soleil et célébraient des fêtes en son honneur. Quatre fois par an, une procession, à la tête de laquelle se tenait l'empereur, attendait le lever du dieu. Au moment où sa présence est annoncée par les traits de feu qu'il lance au-devant de lui, les fidèles se prosternent, lui envoient des baisers en l'appelant leur dieu et leur père. Les sacrifices commencent alors : des agneaux, des brebis sont égorgés. « On brûle le cœur et le sang des victimes, et l'on prépare le repas avec un feu que le grand-prêtre allume au moyen d'un peu de coton placé au foyer d'un miroir concave grand comme une moitié d'orange et qu'il porte suspendu à une chaîne sur sa poitrine. »

BANQUISES DE GLACE.

A mesure qu'on s'éloigne de l'équateur, la différence entre la durée des jours, d'une saison à l'autre, va sans cesse en augmentant. D'ailleurs pour toute la terre le jour est égal à la nuit deux fois par an : le 21 mars et le 21 septembre. On dit que la Terre est aux *équinoxes*, nom formé de deux mots latins : *æquus*, égal, *nox*, nuit.

A partir de ces deux époques, deux phénomènes inverses se produisent, suivant qu'on habite l'un ou l'autre des deux hémisphères. Pour nous, qui vivons dans l'hémisphère nord, la durée du jour l'emporte sur celle de la nuit à partir de l'équinoxe du printemps, et diminue, au contraire, quand on atteint l'équinoxe d'automne. A Paris, le jour le plus long a une durée de seize heures environ (21 juin), le jour le plus court ne dure que huit heures (21 décembre).

Si nous nous éloignons de plus en plus de l'équateur, nous atteindrons le parallèle de 66 degrés et demi, qui s'appelle le *Cercle polaire arctique*, et sur lequel, le 21 juin, le soleil reste levé un jour entier.

Rappelons rapidement que la distance de l'équateur au pôle, distance comptée sur un méridien, a été divisée en 90 parties égales qu'on appelle *degrés*. Tous les cercles tracés sur le globe parallèlement à l'équateur s'appellent parallèles et se distinguent les uns des autres par la distance, comptée sur un méridien, qui les sépare de l'équateur. Le mot *arctique*, du grec *arctos*, ourse, rappelle que la constellation de la Petite Ourse renferme l'étoile polaire; cette étoile polaire est très voisine du point où la ligne des pôles viendrait percer le ciel. Dans l'hémisphère sud, les parallèles portent également des numéros variant de 0 à 90; le cercle de 66 degrés et demi s'appelle cercle polaire *antarctique*, ce qui veut dire opposé au cercle arctique.

Continuons à nous élever vers le nord. A partir du 21 juin, le soleil ne quittera pas l'horizon et les jours seront ininterrompus pendant un temps d'autant plus long qu'on approchera davantage du pôle. De même ces longs jours seront suivis de nuits profondes, dont la durée pourra atteindre six mois! Le tableau suivant vous donnera les plus complètes indications.

	Le soleil ne se couche pas pendant	Le soleil ne se lève pas pendant
Parallèle de 66° et demi	1 jour	1 jour
— 70	65 —	60 —
— 75	103 —	97 —
— 80	134 —	127 —
— 85	161 —	153 —
— 90	186 —	179 —

Cette longue obscurité de six mois commence le 5 octobre sur le parallèle de 85 degrés. « Lorsqu'on se voit pour la première fois enseveli dans les ténèbres silencieuses de la nuit polaire, on ne peut se défendre d'un involontaire effroi; on se croit transporté hors du domaine de la vie. Ces mornes et sombres déserts paraissent comme ces espaces incréés que Milton a placés entre l'empire de la vie et celui de la mort. » Les animaux eux-mêmes subissent l'influence morale des nuits polaires.

Nous avons déjà parlé (p. 61) des effets produits sur les coqs de lord Dufferin et sur les chiens du docteur Elisa Kane par les longs jours et les nuits de six mois du pôle.

Il est à peine besoin de dire avec quelle joie les explorateurs des mers glaciales accueillent le retour du soleil après une nuit de six mois. Ce fut en février 1873 que les lieutenants Payer et Weyprecht, partis sur le *Tegetthoff* et plongés dans l'obscurité de la nuit polaire, revirent enfin le soleil; ils se trouvaient sur le parallèle de 78 degrés. Écoutons le récit de leurs impressions. « Quel événement solennel pour le voyageur aux mers polaires que ce retour de l'astre du jour! Comme on comprend bien, quand on a essuyé les longues ténèbres de ces affreuses solitudes, le culte superstitieux de l'antique Bélus. Avec le même recueillement que jadis les

Assyriens aux bords fleuris de l'Euphrate, nous guettions du haut des mâts et des *icebergs* (montagnes de glace) l'apparition du dieu rayonnant. Une onde lumineuse qui fit tressaillir l'horizon nous annonça l'instant solennel, et tout de suite après le soleil émergea, entouré d'une bande purpurine. Tout le monde gardait le silence. Quelle parole, quel cri eût pu rendre le ravissement de nos cœurs épanouis? Comme en hésitant l'astre éleva à peine la moitié de son disque, on eût dit que ce monde désolé n'était pas digne de contempler sa face tout entière. Les colosses de glace se coloraient, comme autant de sphinx, sous cette soudaine illumination; les rigides écueils et les hautes murailles dentelées allongèrent leurs ombres sur l'étincelant miroir de neige, et des reflets rose tendre se répandirent de toutes parts sur le froid paysage polaire... A peine le soleil renaissant eut-il pendant quelques minutes montré son front au-dessus de l'horizon, que son rayonnement s'éteignit de nouveau, une morne teinte violette envahit tout, et les étoiles se remirent à briller en tremblotant au firmament assombri. »

A partir du moment où le soleil a fait sa première apparition, il reste chaque jour un temps de plus en plus long au-dessus de l'horizon. A l'équinoxe de mars, la durée du jour est égale à celle de la nuit; puis le jour augmente sans cesse et à un certain moment le soleil ne se couche plus. A chaque heure du jour on peut contempler le soleil, quand il n'est pas, bien entendu, caché par les nuages. A minuit, le soleil est encore au-dessus de l'horizon. Au moment où le jour va devenir ininterrompu, le soleil paraît abaissé vers minuit, et immédiatement il se relève : on assiste en même temps à son lever et à son coucher. A ce moment, le soleil ne s'élève que d'une très petite hauteur au-dessus de l'horizon ; cette hauteur va aller sans cesse en augmentant jusqu'au solstice d'été.

Le voyageur Hayes nous raconte qu'au moment où il entrait dans la baie de Melville, découverte par le capitaine Parry, sous le parallèle de 75 degrés, un admirable spectacle s'offrit à ses yeux. « La cloche frappait ses douze coups, dit-il, au moment où la cime émoussée du *Pouce du Diable* parut à notre vue, illuminée par le soleil de minuit. Je n'oublierai pas cette scène. Devant nous le soleil, près de plonger dans l'Océan, faisait scintiller les icebergs et semait de feux les

LE SOLEIL DE MINUIT.

champs de glace sous ses rayons presque horizontaux. Sur l'arc immense de la baie, les grands glaciers s'élevaient de la mer jusqu'à ce qu'ils fussent perdus dans une bande violette se détachant sur un fond d'or; leurs terrasses d'albâtre réfléchissaient les splendeurs de la lumière. Le vieux cap rongé par les siècles se revêtait de teintes chaudes et vermeilles; une brillante lueur s'attardait sur le Pouce du Diable, cette majestueuse colonne dressée au milieu des icebergs comme un clocher montant vers le ciel au-dessus de quelque cité inconnue. »

Au pôle sud on observe les mêmes phénomènes, seulement ils ont lieu à des époques différentes. Les nuits du pôle sud correspondent aux jours sans fin du pôle nord et inversement. Quand le soleil de minuit éclaire de ses rayons obliques les glaces des mers arctiques, les mers antarctiques sont plongées dans la plus triste obscurité.

Il faut dire toutefois que ces nuits ne sont pas toujours profondes; l'obscurité s'illumine parfois, et le navigateur perdu au milieu de ces solitudes glacées devient le témoin d'un des plus beaux phénomènes que présente la nature. Une faible lueur apparaît au nord, grandit, se développe; on dirait le lever de l'aurore. Il est impossible de dépeindre en un seul tableau les aspects variés et curieux que présente ce magnifique météore. En un point particulier du ciel que nous indiquerons tout à l'heure, il se forme comme un voile nébuleux qui monte lentement et s'arrête à une hauteur de 8 à 10 degrés. Ce segment est d'abord obscur; en quelques instants il passe du brun au violet, au blanc, au jaune. Tout à coup des rayons de lumière partent de l'arc brillant et montent jusqu'au zénith. « Tantôt, dit Humboldt, les colonnes de lumière paraissent mélangées de rayons noirâtres semblables à une fumée épaisse; tantôt elles s'élèvent simultanément sur différents points de l'horizon et se réunissent en une mer de flammes dont aucune peinture ne saurait rendre la magique splendeur; car, à chaque instant, de rapides ondulations en font varier la forme et l'éclat. » Bientôt les rayons se rassemblent, forment une magnifique couronne, « espèce de dais céleste, brillant d'une lumière douce et paisible ». Puis les rayons se raccourcissent, se décolorent et disparaissent. La couronne et les arcs lumineux se dissolvent.

Quelquefois un spectacle plus intéressant encore s'offre aux habitants des régions polaires. Écoutons la description que M. Martins nous donne du phénomène qu'il a observé au Spitzberg et en Laponie. « Parfois, dit-il, de *longues draperies dorées* flottent au-dessus de la tête du spectateur, se replient sur elles-mêmes de mille manières et ondulent comme si le vent les agitait... Le plus souvent un arc lumineux se dessine vers le nord, un segment noir le sépare de l'horizon et contraste par sa couleur foncée avec l'arc d'un blanc éclatant ou d'un rouge brillant, qui lance des rayons, s'étend, se divise et représente bientôt un arc lumineux... Alors le ciel semble une coupole de feu; le bleu, le vert, le jaune, le rouge, le blanc se jouent dans les rayons palpitants de l'aurore... Mais ce brillant spectacle dure peu d'instants; la couronne cesse d'abord de lancer des jets lumineux, puis s'affaiblit peu à peu; une lueur diffuse remplit le ciel; çà et là, quelques plaques lumineuses semblables à de légers nuages s'étendent et se resserrent avec une incroyable rapidité, comme un cœur qui palpite. Bientôt ils pâlissent à leur tour, tout se confond et s'efface; l'aurore semble être à son agonie : les étoiles, que sa lumière avait obscurcies, brillent d'un nouvel éclat, et la longue nuit polaire, sombre et profonde, règne de nouveau en souveraine sur les solitudes glacées de la terre et de l'océan. »

Ces belles apparitions sont connues sous les noms d'aurores boréales et d'aurores polaires. Ces deux noms sont tous deux inexacts. Acceptons le mot aurore, qui, s'il ne s'applique plus à l'heure dorée, *aurea hora*, qui précède le lever du soleil, rappelle néanmoins une des apparences du phénomène; mais remplaçons le mot *boréal* par un autre qui soit plus précis. Boréal vient en effet de Borée, dieu qui personnifiait le vent du nord; il semblerait donc que le météore dont nous parlons n'apparaît que dans l'hémisphère nord de la terre. Il n'en est rien; les régions glaciales qui entourent le pôle sud sont également les témoins de semblables apparitions. Malheureusement les expéditions au pôle sud sont assez rares, et nous n'avons qu'un petit nombre d'observations relatives à ces phénomènes. Forster, qui accompagna le célèbre Cook dans son voyage autour du monde, nous a laissé un récit d'une brillante aurore observée en 1773 dans l'hémisphère sud. Cette aurore présentait les mêmes phénomènes que l'aurore boréale ; seulement, au lieu des teintes variées qu'on voit dans le nord, la lumière était uniformément blanche et claire. Des voyageurs modernes ont confirmé ces observations.

Le nom d'*aurore polaire* ne nous semble pas complètement justifié, car s'il est vrai que c'est surtout vers les pôles que ce phénomène est le plus souvent aperçu et qu'il acquiert son plus entier développement, il n'est pas moins vrai qu'on l'observe aussi sous nos latitudes. Disons de suite cependant que les belles aurores n'apparaissent que rarement dans nos climats, tandis qu'on peut les apercevoir presque chaque nuit au pôle. Bravais, pendant son séjour hivernal à Bosekop, en a compté 153 dans l'espace de 218 jours. Nos lecteurs se rappellent peut-être que pendant le siège de Paris, le 24 octobre 1870, une magnifique aurore apparut sur notre horizon. Vers sept heures du soir, on aperçut une immense nuée rougeâtre qui jeta la consternation dans tous les esprits; on crut qu'un incendie considérable, allumé par les Allemands, consumait un ou plusieurs villages du nord de Paris. Seuls les astronomes ne s'y trompèrent pas; nous dirons dans un instant pour quelle raison. Tout à coup de la nuée rouge s'élancèrent de larges jets de lumière rouge qui ne s'arrêtèrent qu'au zénith; en même temps le ciel est couvert d'une immense draperie rouge se déroulant avec des ondulations dorées. Mêlé à la foule qui contemplait ce beau spectacle, nous entendions les commentaires les plus bizarres. « Ce rouge, disaient les uns, c'est le sang répandu à Reichshoffen, à Sedan, à Gravelotte. » — « Ce phénomène, disaient d'autres spectateurs, est une manifestation surnaturelle qui nous promet une éclatante re-

AURORE POLAIRE.

vanche. » Hélas! nous n'avions pas le courage de sourire de ces illusions!

Nous nous expliquions, à la vue de ces apparences variées de l'aurore, les croyances superstitieuses qui régnaient au moyen âge. Quand de sévères historiens parlent « d'armées combattant dans les airs » ou de prodiges semblables, ne faisaient-ils pas allusion à l'aspect merveilleux et fantastique des aurores? Aujourd'hui encore certains peuples ont conservé les mêmes préjugés. Dans les jets de flammes de l'aurore boréale, dans le bruit lointain qui les accompagne quelquefois, les Lapons croient reconnaître les jeux mystérieux des âmes. Les Sibériens voient, au milieu des feux de l'aurore boréale, une foule d'esprits qui combattent dans les airs.

Comment se produisent les aurores? Nous serions bien embarrassé de répondre nettement à cette question. On a supposé qu'il existait dans les hautes régions de l'atmosphère des amas de gaz hydrogène, gaz très inflammable comme l'on sait, et qui pouvait s'enflammer par la décharge électrique qui s'opère entre les nuages. Cette explication semblait assez bien vérifiée par ce fait que l'aurore accompagne toujours des orages. Malheureusement, en étudiant la lumière de l'aurore, les physiciens n'ont pas trouvé trace d'hydrogène, et l'on sait que certaines analyses (analyses spectrales) décèlent la présence d'infiniment petites quantités de matière.

On a supposé que l'aurore était due à l'éclairement produit par l'atmosphère lumineuse du soleil, et, ce qui est bien curieux, c'est que chaque fois qu'on a observé une aurore, les astronomes ont constaté que la surface du soleil était le siège d'une grande agitation...

On a supposé..., mais que n'a-t-on pas supposé? Ce que l'on sait, c'est que l'aurore boréale n'est pas un simple phénomène lumineux comme l'arc-en-ciel ou comme les halos. L'aurore, quelle que soit son origine, est certainement liée à des phénomènes *magnétiques*. Quand je parle de magnétisme, il n'est pas question, bien entendu, de la prétendue puissance de ces individus appelés magnétiseurs et dont le vrai nom est *charlatans*, qui endorment certains sujets, les font parler pendant leur sommeil et prédisent l'avenir. Le magnétisme est une branche sérieuse des sciences physiques qui comprend l'étude des propriétés des aimants. On sait qu'une aiguille d'acier aimantée, suspendue horizontalement en son centre, se place toujours dans une direction constante qui est à peu près celle du nord-sud. Cette propriété de l'aiguille aimantée est utilisée dans la construction des boussoles.

Dans les observatoires, on examine chaque jour les mouvements de l'aiguille aimantée. Cette aiguille, avons-nous dit, suspendue horizontalement, se place dans une direction constante; cette direction fait avec la ligne nord-sud un angle que l'on appelle *déclinaison*. D'une année à l'autre cet angle varie d'une manière régulière. Ainsi, en l'an 1550, la partie de l'aiguille tournée vers le nord était à l'est de la ligne nord-sud et faisait un angle de 8 degrés avec elle. Cet angle a diminué d'année en année, et cent ans après, en 1666, l'aiguille se confondait avec la ligne nord-sud, qu'on appelle aussi méridien. A partir de cette époque, la partie nord de l'aiguille a passé à l'ouest, faisant chaque année un angle de plus en plus grand; en 1830, cet angle avait atteint sa plus grande valeur. Depuis, l'angle a diminué, l'aiguille se rapproche du méridien; il est en ce moment de 17 degrés ouest.

Ce mouvement annuel de l'aiguille aimantée est extrêmement lent; si on l'observe tous les jours dans les observatoires, ce n'est pas pour constater ces très petits déplacements. L'aiguille aimantée est à certains moments violemment agitée, et l'on a constaté que ses mouvements étaient dus à la présence des orages; on comprend que l'observation de cette aiguille permette aux météorologistes de prévoir les grands troubles atmosphériques, et c'est dans ce but que l'on observe toutes les trois heures sa position.

Chaque fois qu'on aperçoit une aurore boréale, on constate que l'aiguille aimantée est affolée, et inversement, quand cette aiguille oscille brusquement, si l'on ne peut constater la présence d'aucun orage, on peut être certain qu'on apercevra, sinon l'une des belles aurores dont nous avons donné la description, du moins des taches rougeâtres sur le ciel qui ne sont autre chose que des plaques aurorales.

Un dernier fait va nous montrer l'analogie qui existe entre l'apparition des aurores et les phénomènes magnétiques. Nous avons dit que les aurores se présentaient au début du phénomène sous la forme d'un voile nébuleux placé en un point particulier du ciel. Ce point est celui où la direction de l'aiguille aimantée, suffisamment prolongée, viendrait percer le ciel.

CHAPITRE IX

LES ENNEMIS DE LA VIGNE

Noé et ses fils. — La vigne en Gaule. — Les vins de France. — Les ennemis : le marchand de vin, la grêle, la gelée, l'oïdium, la pyrale, le phylloxéra. — Histoire du phylloxéra. — Un singulier procès. — Comment on fait le vin. — L'ivrognerie. — L'ivresse des animaux

Ce fut Noé, dit-on, qui cultiva le premier la vigne et fit fermenter le suc de son fruit. Il apprit à ses dépens la fâcheuse influence qu'exerce sur la raison ce liquide rouge, le sang de la vigne, qu'on appelle aussi le lait des vieillards, et dont malheureusement les adultes de tous les pays font une trop large consommation.

La Bible nous apprend que Noé s'enivra, non par goût ni par habitude, bien entendu (un patriarche!), mais parce qu'il ignorait la puissance de cette boisson. En même temps que l'Ancien Testament nous apprend à user modérément de toutes choses, il nous signale la conduite détestable de l'un des fils de Noé, qui, voyant son père sous l'influence du vin, se moque de lui et le montre du doigt à ses frères. On sait que Cham, ainsi que son fils aîné Chanaan, furent maudits par Noé et condamnés à être les esclaves de leurs frères. Cette prophétie se réalisa le jour où, sous la conduite de Moïse, les Hébreux envahirent le pays de Chanaan et s'en emparèrent.

Dans le pays qu'ils avaient habité les premiers, Cham e ses fils n'avaient pas manqué de transporter la vigne, cause indirecte de leur exil; cette vigne était même des plus prospères : on se rappelle que Josué et Kaleb, ayant été envoyés par Moïse dans le pays de Chanaan, rapportèrent non seulement des dattes, des grenades et des figues, mais des raisins

LA VIGNE

tellement gros, que pour porter une seule grappe il fallait l'attacher à une perche et la faire supporter par deux hommes.

De l'Asie, la vigne se propagea en Grèce, puis en Italie, en Sicile, en Espagne et dans les Gaules, où ce végétal fut apporté en l'an 600 avant J.-C. par la colonie phocéenne qui fonda Marseille.

Nous renonçons à décrire toutes les variétés de vins qu'ont fournies les coteaux de la Grèce, de l'Italie ou de l'Espagne. L'historien Pline se moque du philosophe Démocrite, qui a voulu faire ce dénombrement; nous ne nous exposerons pas à recevoir un pareil blâme, mais il nous faut bien signaler le vin de Syracuse, le vin de Chypre, les raisins de Corinthe... Que dire du falerne, tant vanté par les Latins et en particulier par le poète Horace? Ce célèbre vignoble se divisait en plusieurs crus, dont les plus célèbres étaient le *massique*, le *cécube* et le *faustin*. Un autre poète latin, Lucain, nous apprend qu'en vieillissant le falerne devenait amer et épais; on le mélangeait avec de l'eau et du miel.

La vigne, apportée en Gaule par les Phocéens, prospérait sur notre territoire, lorsque l'empereur Domitien, 92 ans après J.-C., craignant que la culture de la vigne ne nuisît à celle des céréales, fit arracher toutes les vignes de la Gaule. Ce fut seulement deux siècles après, en 281, que l'empereur Probus rendit aux Gaulois la liberté de replanter la vigne. En 1556, à la suite d'une disette survenue en France, Charles IX ordonna que les vignes ne pourraient occuper que le tiers du terrain dans chaque canton. Henri III, en 1557, se borna à recommander « que les labours ne fussent délaissés pour faire plants excessifs de vignes ».

Tout le monde connaît l'arbrisseau qui nous donne le raisin; quelquefois on le laisse ramper à terre, mais le plus souvent, à cause de la flexibilité de la plante, on l'enlace autour d'un arbre : c'est, dit-on, marier la vigne.

Sur le tronc mousseux des ormeaux
La vigne avec grâce s'appuie.

Le raisin ne réussit pas sur tous les sols. C'est avec raison que l'on vante les crus célèbres, et l'on se tromperait fort si l'on pensait qu'il suffit de transplanter une vigne renommée dans une terre quelconque pour obtenir du bon raisin et du bon vin. La vigne change de nature avec le sol dans lequel on la place et avec le climat du pays. Nous avons indiqué dans un

LA VIGNE ET L'ORMEAU.

précédent volume (*la Légende des mois*) qu'en France « la limite de la culture de la vigne touche au nord l'océan, à

Vannes, passe entre Nantes et Rennes, entre Angers et Laval, entre Tours et le Mans, remonte par Chartres pour passer au-dessus de Paris, puis au-dessous de Laon et au-dessous de Mézières, et atteint le Rhin à l'embouchure de la Moselle ». La France produit à elle seule la moitié du vin récolté à la surface du globe. Nos crus de la Bourgogne, de la Gironde, de la Champagne, sont universellement appréciés. Les ducs de Bourgogne, souvent appelés « princes des bons vins », se flattaient d'être qualifiés « seigneurs des meilleurs vins de la chrétienté, à cause de leur bon pays de Bourgogne, plus famé et renommé que tout autre en croît de bon vin ».

Les différents vins que produit la France peuvent se diviser en six classes principales. Voici cette répartition, que nous nous bornons à reproduire :

1° Vins de Bordeaux et leurs similaires, dont la production s'étend dans dix-neuf départements. Le département de la Gironde fournit les meilleurs vins de cette classe : les Château-Laffitte, Château-Margaux, Château-Latour, Haut-Brion, Sauternes, Saint-Émilion... ;

2° Vins de Bourgogne et leurs similaires, dont la production s'étend dans douze départements. La Côte-d'Or tient le premier rang par ses crus si fameux de Chambertin, Romanée, Clos-Vougeot, Corton, Beaune... ;

3° Vins du Midi, en général d'un goût moins délicat que les précédents ; on cite en particulier le cru de l'Ermitage

4° Vins de l'Est, produits dans douze départements. Le Jura est celui qui donne les plus remarquables ; ceux d'Arbois sont très estimés ;

5° Vins mousseux, préparés d'une manière spéciale et à la tête desquels se trouvent les vins de Champagne. Citons encore les vins de Chablis, Tonnerre, Épineuil... ;

6° Vins de liqueur, parmi lesquels se distinguent les vins muscats de Frontignan, de Rivesaltes, d'Alicante...

Oui, notre pays est fier, à juste titre, des produits de son admirable sol, et la culture de la vigne, en particulier, est pour lui une source abondante de richesses. Mais, hélas! au moment même où nous écrivons, un terrible fléau s'est abattu sur nos vignobles. Nous allons en parler tout à l'heure. Disons tout de suite que la vigne a mille ennemis, sans compter le marchand de vin.

Le vin n'a pas échappé à cette épidémie commerciale qui s'appelle la falsification; on peut même dire que, de tous les aliments, c'est certainement celui qu'on risque le moins d'obtenir pur. Je me rappelle qu'à la dernière exposition une galerie tout entière était consacrée aux aliments falsifiés! Remarquez que pas un peut-être de tous ces marchands ne détournerait une pièce de dix sous, et que tous font sonner bien haut leur probité commerciale, qui consiste à payer exactement leurs dettes à l'échéance; mais il ne vient à l'esprit d'aucun d'eux que la falsification est un vol et, dans certains cas, un véritable meurtre. J'ai connu des domestiques honnêtes qui me remettaient fidèlement les plus petites pièces de monnaie que j'avais oubliées dans la chambre et qui considéraient comme la chose la plus naturelle de faire, comme l'on dit, sauter l'anse du panier et d'écrire sur leur livre de dépense :

Petit pain d'un sou..... deux sous.

Condamnons hautement toutes ces tromperies. Quoi! le mécanicien n'emploie que des matériaux de premier choix afin d'assurer à ses machines un fonctionnement régulier et une longue durée, et pour la plus importante des machines, pour la machine humaine, tout paraît bon à des spéculateurs éhontés!

Votre beurre n'est qu'un mélange de farine de froment, de fécule de pommes de terre ou même de carbonate de plomb! Sa couleur jaune est presque toujours artificielle. Tant qu'on n'emploie que le safran ou le suc de carottes, le mal n'est pas bien grand; mais souvent la couleur jaune est obtenue avec du chromate de potasse ou avec les substances colorantes jaunes retirées des goudrons de houille, c'est-à-dire avec de véritables poisons!

Votre café est mêlé de fragments d'argile plastique auxquels on a donné, avec des moules appropriés, la forme de grains de café véritable. Quand il est en poudre, on lui a ajouté de la chicorée pulvérisée!

Le cacao, qui entre dans la composition du chocolat, est mélangé de farines ou de fécules; je ne parle pas des chocolats faits soit avec du cacao avarié, soit avec des résidus de cacao dont on a extrait le beurre en remplaçant ce dernier par de la graisse de mouton ou de veau!

Je n'en finirais pas si je voulais énumérer les fraudes qui se commettent chaque jour au détriment de la santé publique : la farine de froment, mêlée à la fécule de pommes de terre ou à diverses farines de moindre valeur; la truffe, remplacée par du mérinos; le sucre, mêlé de plâtre et de farine; le vin... arrêtons-nous un instant sur ce sujet.

De tout temps on a coloré les vins, afin de pouvoir les étendre d'eau sans que le consommateur pût s'apercevoir de la supercherie. On employait la cochenille, la baie de sureau, la mauve trémière, etc... L'industrie de la falsification des vins a fait dans ces derniers temps de très sérieux progrès : on emploie la *fuchsine*, et en général tous les produits colorants qu'on retire des goudrons de houille. Des fabricants ont été jusqu'à établir des usines spéciales afin de produire les matières colorantes du vin, et je trouve dans un rapport du congrès d'hygiène qu'un seul pharmacien de Rouen a vendu dans ces derniers temps *un million de kilogrammes de colorant du vin* par an!

D'une manière générale, il faut dire qu'on ne doit tolérer aucune falsification du vin, même si la matière colorante est inoffensive, car, d'une part, on trompe le consommateur sur la qualité de la marchandise vendue et, d'autre part, on enlève à cet excellent aliment, le vin, une grande partie de sa valeur nutritive. Mais que dire des vins colorés par de la fuchsine ou par des poisons semblables, qui contiennent toujours de l'arsenic?

Heureusement que la science des falsificateurs a pour contrepoids la science des chimistes; ceux-ci ont cherché et trouvé le moyen de déceler la présence de matières étrangères dans le vin. Malheureusement, tout le monde ne songe pas à faire analyser son vin et, en particulier, les ouvriers qui vont au cabaret gaspiller l'argent de leur semaine et s'enivrer avec un vin frelaté qui les empoisonne lentement. Cependant on commence à faire des perquisitions au domicile des marchands de vin : si l'honnêteté ne suffit pas, la crainte des procès arrêtera, nous n'en doutons pas, l'œuvre malfaisante des falsificateurs du vin.

La vigne a d'autres ennemis. En première ligne on plaçait autrefois la grêle, qui désorganise le tissu de la plante, détruit la récolte et compromet même celle de l'année suivante. Il n'y a malheureusement rien à opposer à ce fléau; les viticulteurs essayent, au moyen de primes d'assurances, d'éviter les pertes considérables que la grêle peut entraîner

La gelée cause également de graves dommages aux vignes, surtout quand elle arrive au printemps, au moment où la plante commence à bourgeonner.

Cette gelée est favorisée par un ciel pur et empêchée quand le ciel est couvert; aussi a-t-on songé à produire des nuages artificiels destinés à empêcher la gelée. On dispose dans le champ qu'on veut protéger des godets contenant une huile lourde donnant une fumée épaisse, de la naphtaline par exemple, et on y met le feu dès qu'on a lieu de craindre un trop grand refroidissement du sol. Mille procédés ont été indiqués pour perfectionner ce système, qui présente, il faut le dire, de sérieuses difficultés; on doit, en effet, multiplier ces godets d'huile sur une étendue assez vaste, et par conséquent perdre beaucoup de temps et disposer de nombreux bras. Les uns ont proposé de faire communiquer ces godets par un fil électrique se terminant à chacun d'eux par une amorce de fulminate; d'autres ont proposé plus simplement de faire communiquer entre eux les godets au moyen de coton-poudre. Quel que soit le système adopté, l'emploi de ces nuages artificiels, qui a donné déjà d'excellents résultats, tend de plus en plus à se généraliser.

Je signalerai sans insister : la *coulure*, avortement des raisins, la *maladie noire*, l'*apoplexie*, le *rougeot*, l'*oïdium*. L'oïdium est un champignon si petit, si petit, qu'on ne l'aperçoit qu'à l'aide d'un microscope. C'est une moisissure qui croît sur un grand nombre de végétaux et dont une espèce a choisi la vigne pour théâtre de ses déprédations. « Les raisins envahis par l'oïdium paraissent recouverts d'une poussière blanche et répandent une odeur particulière de moisi. Si les grains sont peu développés, ils se flétrissent, se dessèchent et tombent; s'ils sont plus gros et plus avancés, leur enveloppe se rompt, les pépins sont mis à nu ou même chassés au dehors; si la rafle (grappe sans grains) est elle-même infestée, elle se dessèche, meurt et se détache du cep. » C'est en 1845 que ce nouveau fléau de la vigne apparut pour la première fois. Pendant que les savants discutaient sur la question de savoir si la maladie de la vigne était due à l'oïdium, ou si l'oïdium apparaissait parce que la vigne était malade, le fléau continuait son œuvre de dévastation. Après les serres de Versailles, infestées en 1849, les vignobles de Suresnes, de Puteaux, de la Belgique étaient successivement attaqués. On reconnut heureusement que le soufre débarrasse la vigne de l'oïdium, et depuis lors le *soufrage* des vignes est entré dans la pratique des agriculteurs.

Mais voici un autre ennemi : la *pyrale* de la vigne, appelée aussi *tordeuse*, petit insecte dont les exploits ne se mesurent pas à sa taille, car il n'a pas deux centièmes de millimètre de longueur; sa tête, son corselet et ses ailes supérieures sont d'un jaune verdâtre à reflets métalliques dorés. La chenille, d'un vert plus ou moins jaunâtre, se roule dans la feuille et n'en sort que pour dévorer ce qui l'environne. « Les œufs sont déposés par la femelle sur la partie supérieure des feuilles. Au bout d'une vingtaine de jours, on voit les petites chenilles s'agiter, s'abattre aussitôt sur les feuilles les plus tendres et commencer leur œuvre de destruction. » Arrive l'hiver, les chenilles vont chercher un abri sous l'écorce de la vigne, dans le bois des échalas, et là, engourdies, plongées dans une léthargie profonde, elles vont sommeiller jusqu'au retour de la belle saison.

C'est à ce moment qu'il convient d'échauder la vigne en versant de l'eau bouillante sur les ceps; on détruit ainsi la plus grande partie des pyrales. Celles qui ont survécu vont venger leurs sœurs mortes en se répandant dans les vignes, et sous leurs trois formes, œuf, chenille et chrysalide, elles infesteront la totalité des vignobles. On sait que l'osier, le saule, le noisetier, le groseillier, etc. ont également pour ennemis les pyrales; mais on peut dire que ces insectes se partagent en troupes qui se bornent chacune à un arbre spécial.

Les vignes occupent en France une étendue de 2 millions et demi d'hectares; le rendement moyen est de 30 millions d'hectolitres de vin par an. En 1847 et 1848, ce rendement s'était élevé à 59 millions d'hectolitres, lorsque l'oïdium vint frapper nos raisins. Le rendement descendit à 28 millions d'hectolitres en 1852; à 22 millions en 1853; à 10 millions seulement en 1854. En même temps, le prix du litre augmentait de 26 à 63 centimes. On combattit avec succès, comme nous l'avons dit, les ravages du terrible champignon qui désolait nos viticulteurs et, grâce à l'emploi de la fleur de soufre, les rendements en vin augmentèrent chaque année. Dans ces douze dernières années on comptait, en moyenne, 52 millions d'hectolitres de vin, lorsqu'un nouveau fléau s'abattit sur les ceps. Circonscrite d'abord dans quelques localités, la maladie n'a cessé de s'étendre depuis l'époque de son apparition; elle menace aujourd'hui de détruire complètement ces vignes merveilleuses que l'étranger nous envie et qui constituent un des éléments importants de notre richesse nationale.

Nous voudrions en vain douter de l'importance du mal. Un document officiel, présenté il y a quelques mois à la Société des agriculteurs de France, nous apprend que huit départements sont aujourd'hui atteints dans des proportions variées. Dans le département de Vaucluse, annonce M. G. Bazille, presque toutes les vignes sont détruites; dans la Drôme, la plus grande partie est atteinte; dans le Gard, dans l'Ardèche, dans le Var et les Basses-Alpes, on compte de nombreux points d'attaque; dans les Bouches-du-Rhône, la partie nord du département est perdue; quarante communes de l'Hérault sont attaquées; dans le Bordelais, le phylloxéra se montre dans quatorze communes, toutes situées sur la rive droite de la Garonne. Sur les 2500000 hectares consacrés dans notre pays à la culture de la vigne, plus d'un million sont aujourd'hui frappés ou menacés de stérilité. Le mal est si grand, que l'Académie des sciences a nommé une commission permanente chargée d'étudier les moyens de combattre le fléau, et que le ministère de l'agriculture a offert un prix de 300000 francs à celui qui proposerait un remède efficace.

En 1879, la récolte des vins en France n'a donné que 25 millions et demi d'hectolitres. C'est une différence en moins de 23 millions sur la récolte de 1878 et de près de 30 millions sur la moyenne des dix dernières années. A ces deux fléaux, le phylloxéra, l'oïdium, sont venues s'ajouter des perturbations atmosphériques particulièrement fâcheuses. « Sur certains points, la température humide qui n'a cessé de régner pendant l'été a empêché le raisin de se former et de se développer; dans d'autres régions épargnées par la pluie, les gelées survenues en septembre et en octobre ont desséché les grains et mis obstacle à la maturité... Les contrées les plus particulièrement éprouvées sont la Bourgogne et la Champagne, où la récolte a été nulle ou relativement insignifiante; les deux Charentes, où le rendement atteint à peine le tiers de celui de l'année dernière; les départements du centre, tels que le Cher, Loir-et-Cher, le Loiret, l'Indre, Indre-et-Loire, la Vienne, l'Allier et la Nièvre, dont la production a baissé dans la même proportion. Dans les départements de l'est, le Doubs, la Meuse, Meurthe-et-Moselle, la récolte représente à peine le *dixième* des quantités recueillies en 1878. »

Toutes les maladies dont nous avons parlé jusqu'ici présentaient ce caractère commun d'affecter les parties visibles de la plante et par conséquent d'indiquer de suite au viticulteur que la vigne souffrait et réclamait ses soins. Le phylloxéra, en France du moins, attaque de préférence les racines des vignes; la maladie ne s'aperçoit donc, pour ainsi dire, qu'au moment où le cep périt. La plante présente un aspect très satisfaisant, très vert, alors que les racines sont couvertes de pucerons, et la vigne semble promettre la récolte la plus abondante au moment même où le fléau qui la ronge va la détruire entièrement. Ajoutons d'ailleurs que les vignes attaquées par le phylloxéra n'en sont pas moins en proie aux atteintes d'autres maladies.

Le phylloxéra est un insecte, un puceron, de la famille de ces terribles ravageurs connus sous les noms de pucerons du chêne, pucerons du rosier, pucerons lanigères; cette dernière espèce, on le sait, cause aux pommiers des dégâts immenses. L'histoire naturelle du phylloxéra est à peu près complètement connue aujourd'hui, grâce aux travaux d'un grand nombre de naturalistes. Sa longueur atteint tout au plus $0^{mm},25$ et il est difficile de l'apercevoir même avec la loupe à la main.

L'insecte s'endort pendant l'hiver, ou plutôt il tombe dans une léthargie profonde qui a tous les caractères de la mort; sa couleur, en général très jaune, devient brune pendant le temps de l'hibernation. M. Cornu a remarqué que cette couleur brune était due à une enveloppe dont les pucerons se revêtent en hiver et qu'ils abandonnent au printemps pour reprendre leur couleur jaune caractéristique. A son réveil, et après la mue qui le débarrasse de son manteau brun, l'insecte se fixe sur les racines des vignes, grossit et pond des œufs d'une fécondité désespérante, car les petits pucerons éclos pondent à leur tour au bout de peu de temps et peuplent le sol d'une légion parasite considérable. D'après M. Signoret, le phylloxéra a une génération tous les dix jours. MM. Planchon et Lichtenstein ont calculé que le nombre d'individus qui ont pour point d'origine une seule femelle pondant au mois de mars, peut s'élever à *vingt-cinq milliards* dans l'espace d'une seule année, de mars à octobre.

L'insecte se présente à nous tantôt avec des ailes, tantôt à l'état aptère, c'est-à-dire sans ailes. Les insectes ailés, dont on n'avait jusqu'à présent trouvé que de rares échantillons, sont au contraire excessivement nombreux, et on les rencontre particulièrement à l'extrémité tuberculeuse des radicelles de la vigne. Ce sont ces pucerons ailés qui, d'après M. Cornu, déterminent les nodosités dont se revêtent les racines et qui commencent le ravage d'une vigne.

La manière dont se propage le phylloxéra présente des détails intéressants. Disons rapidement que les pucerons cheminent à la fois et à l'intérieur du sol et sur le sol lui-même. Malgré les ailes dont il est revêtu, l'insecte ne vole pas, ou seulement à courte distance, et ces ailes ne paraissent lui servir qu'à se faire emporter par le vent.

Nous avons dit que le phylloxéra attaquait la racine de nos vignes, et nous avons ajouté que ce mode d'attaque était particulier à la France. Il n'en est pas toujours ainsi, en effet, et dans les différents pays ravagés par le phylloxéra on observe que son action n'est pas toujours la même. C'est ainsi qu'en Amérique le puceron s'attache de préférence aux feuilles de

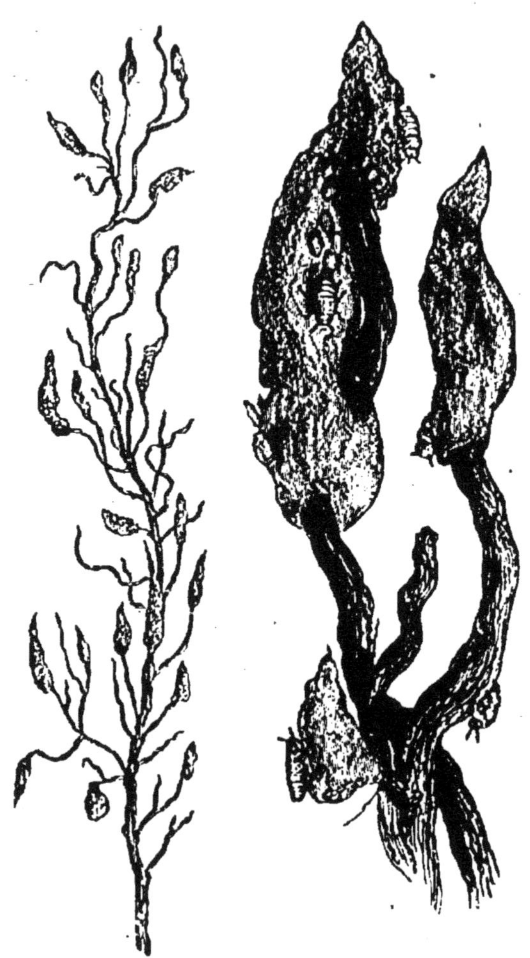

PHYLLOXÉRA SUR LES RACINES D'UN CEP.

vigne, qu'il couvre de galles; cette différence d'action avait même fait penser que le puceron américain n'était pas identique avec le puceron français. D'intéressantes expériences faites récemment ont montré qu'il n'en était rien et que le phylloxéra des racines était bien le phylloxéra américain.

Les ravages terribles occasionnés par la nouvelle maladie de la vigne ont éveillé, on le conçoit, l'attention des savants. De tous côtés on a recherché les moyens de se débarrasser du terrible parasite, et tous les insecticides connus ont été essayés. Nous ne rappellerons pas pour l'instant les tentatives diverses auxquelles la destruction du phylloxéra a donné lieu; nous signalerons seulement un procédé qui vient d'être récemment indiqué. L'agent destructeur est le sulfure de carbone, liquide incolore, volatil, d'une odeur forte et fétide. Autour de chaque cep attaqué, on pratique trois trous de sonde dans chacun desquels on verse 50 grammes de sulfure de carbone. Le liquide pénètre dans les fissures du sol, et comme il est très volatil, sa vapeur se répand dans tout le terrain et tue en huit jours tous les insectes. Malheureusement le sulfure de carbone est un toxique puissant qui peut tuer en même temps le puceron et le cep.

Au moment même où nous écrivons, tandis que certains agriculteurs recommandent la submersion des vignes attaquées, que d'autres demandent qu'avant tout on engraisse le sol, afin que la vigne mieux nourrie puisse mieux résister au mal, que d'autres enfin préconisent les divers insecticides, on essaye une méthode nouvelle.

Il y a déjà quelques années, nous entendions un de nos plus célèbres savants, M. Pasteur, affirmer qu'on n'arriverait à se débarrasser du phylloxéra qu'en lui trouvant un insecte rival qui se chargerait de le détruire. Si l'on pouvait, par exemple, attirer sur la vigne un insecte parasite capable de détruire le phylloxéra sans abîmer le raisin ! Oui, mais où trouver ce champignon qui consentira à jouer le rôle du chien du jardinier ? Empêcher la vigne d'être mangée et ne la manger point, me paraît au-dessus des forces d'un champignon. Et peut-être que les viticulteurs qui introduisent ce prétendu sauveur, auraient imité le jardinier dont nous parle Lafontaine, qui se plaignit à son seigneur des dégâts que certain lièvre occasionnait dans son jardin. On connaît l'histoire : le seigneur, accompagné de ses gens, s'établit chez le jardinier, boit son vin, puis se met en chasse, détruit le potager et tue enfin le lièvre poursuivi, après avoir fait plus de dégâts en une heure que n'en auraient fait en cent ans tous les lièvres de la province.

D'autres savants ont pensé qu'il fallait faire la part du feu et que, ne pouvant détruire le phylloxéra, il serait peut-être possible de lui offrir un aliment aussi agréable, mais moins coûteux. Il paraît qu'en cultivant des asperges ou du ricin entre les ceps d'une vigne on attire le phylloxéra sur ces plantes, qui sont dévastées, mais qui débarrassent ainsi les vignes de leur ennemi. Nous attendrons, avant de nous réjouir, que des essais en grand aient fait reconnaître la valeur du procédé.

Sur les deux millions et demi d'hectares plantés en vigne, un million est déjà attaqué, et notre richesse nationale serait sérieusement compromise si l'on n'arrivait bientôt à détruire le puceron dévastateur. On comprendra que je suis loin d'exagérer le péril, en parlant de notre fortune nationale compromise, si l'on songe qu'au rendement annuel de 50 millions d'hectolitres de vin il faut ajouter la valeur de plus de 1 million d'hectolitres d'eau-de-vie, soit une rente annuelle de plus de cinq cents millions de francs qui, d'un jour à l'autre, peut nous échapper.

Sait-on comment nos ancêtres s'y seraient pris pour éloigner de nos vignobles les pucerons qui les dévastent? Ils leur auraient défendu, *par arrêté d'un tribunal*, de commettre des dégâts. Ne croyez pas que je plaisante; rien n'est plus sérieux. Écoutez plutôt :

« En 1545, une espèce de charançon fit irruption dans les vignobles de Saint-Julien, près de Saint-Jean-de-Maurienne. Une instruction judiciaire eut lieu contre les insectes et deux plaidoyers furent prononcés devant l'official de Saint-Jean-de-

Maurienne, l'un pour les habitants, l'autre en faveur des insectes, auxquels on avait nommé un avocat. » Je m'arrête un instant pour renvoyer les incrédules : 1° à un mémoire de M. Ménabréa sur l'origine, la forme et l'esprit des jugements rendus contre les animaux; 2° à un mémoire de M. Chasseneux, président au parlement d'Aix, sur le procès intenté, en 1530, par les Beaunois contre des hannetons; 3° à un mémoire de M. Berriat-Saint-Prix sur les excommunications et arrêts prononcés contre divers animaux; etc... Je reprends mon histoire. Après avoir ouï les plaidoiries, il fut décidé « qu'il était nécessaire de bailler auxdits animaux place et lieu de suffizante pasture hors les vignobles de Saint-Julien, afin qu'ils en puissent vivre pour éviter de menger ni gaster les dictes vignes ». Une pièce de terre « peuplée de plusieurs espèsses boès, plantes et feuillages, comme foulx, allagniers, cyrisiers, chesnes, oultre l'erbe et pasture qui y est en assez bonne quantité », leur fut concédée. Les habitants demandaient seulement le droit de passage dans la localité abandonnée aux charançons; leur procureur accepta la décision du juge, à condition « que les défendeurs (lisez les charançons) seraient tenus de déguerpir les vignobles de la commune, avec défense de s'y introduire dans l'avenir, sous les peines du droit ». Le procureur des insectes déclara ne pouvoir accepter, *au nom de ses clients*, l'offre qui leur était faite, parce que la localité qu'on leur offrait était stérile, ce que niait la partie adverse!! On a malheureusement perdu les pièces suivantes du procès.

Pour extraire le vin du raisin, on commence par exprimer le jus du fruit dans des cuves inclinées qui permettent au liquide de s'écouler dans des baquets en bois. On sait que ce sont des hommes qui, pieds nus, écrasent le raisin. L'opération ayant depuis longtemps paru d'une propreté douteuse, on a essayé d'effectuer ce broyage avec des machines; il faut dire cependant qu'on préfère les pieds nus des vignerons, parce qu'ils font sortir le jus sans écraser les pépins, qui communiqueraient au vin une désagréable saveur. Le jus est versé dans de grandes cuves représentées sur notre dessin, et on l'abandonne à lui-même. Au bout de deux jours le jus fermente; il se dégage un gaz qui est précisément celui qu'on obtient en brûlant du charbon, l'acide carbonique, et le sucre du raisin est presque complètement transformé en alcool.

Je n'ai pas l'intention de décrire avec détails les différents procédés de fabrication du vin, je tiens seulement à faire justice d'une idée fausse que j'ai souvent entendu formuler par des jeunes gens : il s'agit, bien entendu, des jeunes gens habitant les villes. « N'est-il pas vrai, m'a-t-on dit, que le vin rouge ne peut se faire qu'avec du raisin rouge, et le vin blanc avec du raisin blanc seulement? » Je répondrai tout à la fois oui et non. Quand on presse un raisin, même rouge, le jus obtenu est à peu près incolore. La matière colorante rouge se trouve dans la peau du grain, et c'est au moment de la fermentation que cette matière est dissoute par l'alcool qui se forme. Si donc, avant la fermentation, on sépare la peau du jus, on aura un vin sans couleur. Donc avec du raisin rouge on peut faire du vin blanc; la vérité m'oblige à reconnaître qu'il est en général de mauvaise qualité.

Je suppose que, bravant le sol, le climat, la grêle, la gelée, la vigne ait de plus combattu avec succès ses terribles ennemis : la pyrale, l'oïdium, le phylloxéra; nous avons alors du vin. N'avons-nous plus rien à craindre? Hélas! s'il est vrai que les vins, en général, acquièrent plus de valeur en vieillissant, il faut dire aussi que, dans un grand nombre de cas, les vins s'altèrent et se décomposent sous l'influence de petits végétaux visibles seulement au microscope. Pour détruire ces végétaux nuisibles, on essaya de congeler les vins; on n'obtint aucun bon résultat. MM. Vergnette-Lamotte et Pasteur imaginèrent alors de chauffer les vins, afin de tuer les fer-

LA VENDANGE.

ments : ce procédé est entré dans la pratique courante des viticulteurs et promet de conserver les vins sans altérer leurs qualités.

LE CELLIER DE FERMENTATION.

Comment parler de la vigne et du vin sans dire un mot de ce vice effroyable qui désole les villes et les campagnes: l'ivrognerie.

Il n'est pas de passion plus hideuse, plus dégradante, que celle du vin et surtout des liqueurs alcooliques. Troublé par les fumées du vin, l'homme est au-dessous de la brute; son intelligence n'existe plus, il a perdu la conscience de ce qui se passe autour de lui. Sous l'empire de cette folie momentanée, qui se transformera par l'abus en folie persistante, il n'existe plus pour l'ivrogne ni mère, ni femme, ni enfants. Et cette mère, et cette femme, et ces enfants attendaient peut-être pour manger la petite somme qui a été dépensée par l'ivrogne sur le comptoir d'un marchand de vin! Je comprends que les habitants des pays septentrionaux, glacés par le froid, aient besoin d'entretenir la chaleur de leur corps en absorbant des liqueurs spiritueuses; j'irai même plus loin : je comprends que dans certaines circonstances l'homme ait besoin de donner à son corps une surexcitation factice, sans aller, bien entendu, jusqu'à la perte de sa raison. Le soldat a besoin, le matin de la bataille, de suppléer à la nourriture parfois insuffisante en absorbant un ou deux petits verres d'eau-de-vie; au moment de la tempête, alors que le marin va faire appel à toute son énergie, il peut demander au vin ou à l'alcool, pris avec mesure, un surcroît de forces. Mais existe-t-il la plus légère excuse pour ces brutes avinées qui, sans autre motif que la passion des liqueurs, circulent parmi nous, l'œil hagard, le visage congestionné, la démarche titubante, pendant qu'à la maison toute la couvée meurt de misère et de faim. Oh! je sais bien qu'on mettra précisément sur le compte de cette misère la dégradation du père de famille. On souffre chez lui, et il veut oublier! L'oubli! voilà, nous dit-on, ce que parfois recherche l'ivrogne. Mais quand il serait vrai que cette raison fût parfois la véritable, quelle démence, quel cruel égoïsme pousseraient donc l'homme à s'isoler de la douleur des siens et à augmenter encore leurs souffrances en leur dérobant les quelques sous qui lui procurent l'ivresse! Non, l'ivresse n'a pas d'excuse, et elle restera toujours le signe le plus certain de l'abjection et de la dégradation de l'homme. « Que de honteux délires, dit Jean Reynaud, que de frénésies, que d'hébètements, quel déplorable spectacle, propre à soulever l'indignation avec la pitié, pour celui qui pourrait embrasser d'un regard, sur toute la terre, la misérable troupe des aliénés volontaires! Mais celui qui respecte sa vie n'en cherche pas l'oubli. Qu'il demande, au contraire, à la nature nourricière un aliment énergique, qui lui permette de supporter sans faiblir la charge de cette vie, qui soit en aide à la vigueur du corps et au ressort de l'âme, qui dispose enfin tout l'être à bien vivre : c'est justement ce qu'en lui donnant le vin lui a donné la nature. »

Le spectacle de l'homme ivre est d'ailleurs si repoussant, qu'on comprend bien pourquoi Lycurgue, législateur de Sparte, avait ordonné que les Ilotes[1] ivres seraient exposés aux regards des enfants.

Sous l'influence de l'alcool, non seulement l'intelligence faiblit, mais le corps s'amaigrit, l'estomac digère de plus en plus difficilement les plus légers aliments et, chose bizarre, le nez s'empourpre de telle façon qu'il permet de reconnaître, à première vue, les victimes de la passion du vin. Des phénomènes exactement semblables se produisent chez les animaux quand on les oblige à absorber des liqueurs fortes. Laissez-moi vous raconter une histoire à ce sujet.

J'ai la détestable habitude de lire dans mon lit, jusqu'au moment où le livre tombe de mes mains. Un soir je venais de parcourir une revue médicale, et j'avais noté à votre intention un très intéressant récit d'expériences nouvelles sur l'ivresse des animaux. Mon esprit était préoccupé de la lecture que je venais d'achever et du chapitre que je comptais consacrer à ce sujet, lorsque je m'endormis. Et je fis un bien singulier rêve.

1. Les Ilotes, anciens habitants de la ville d'Hélos (Laconie), étaient esclaves à Sparte.

Nous sommes à la cour du souverain des dieux. Jupiter, le grand Jupiter, assis sur un trône éblouissant, donne audience à ses sujets. Je le reconnais à l'épaisse touffe de cheveux qui, s'élevant du milieu du front, retombe de chaque côté de la tête, à la grandeur de ses yeux, à l'ampleur de la barbe qui descend sur sa poitrine nue. Sur sa tête est une couronne de feuillage; mais je ne puis reconnaître si cette couronne est faite de feuilles d'olivier comme celle du Jupiter Olympien, ou de feuilles de chêne comme celle du Jupiter de Dodone. A ses pieds je vois un aigle; sa main droite tient le sceptre, tandis que la foudre est retenue dans sa main gauche.

Ses sujets sont prosternés devant lui. Et quels sujets? tous les animaux de la création. La séance va prendre fin. Tous les animaux avaient été convoqués par Jupiter, afin de déclarer, sans peur, ce qu'ils trouvaient à redire à leur beauté et à leur condition. Pas un n'avait réclamé pour lui-même, mais chacun avait critiqué son voisin. Jupiter allait les renvoyer, lorsque le singe demanda la parole.

« Maître de l'Univers, tout-puissant fils de Saturne, dit le singe, parmi toutes les créatures il en est une qui nous paraît bien digne de pitié, et c'est justement celle dont nous avons le plus à nous plaindre. Nous savons bien que ses imperfections sont l'œuvre raisonnée de ta puissance, et que tu l'as faite chétive et misérable pour punir la curieuse Pandore dans sa postérité. Mais cette même créature à laquelle tu n'as accordé que deux pieds, qui ne saurait comme moi escalader les arbres de nos forêts, qui ne peut vivre dans l'eau comme ma sœur la baleine ou planer dans les airs comme l'aigle mon frère, cette même créature un tyran pour tous les animaux. Son orgueil est extrême. L'homme, puisqu'il faut l'appeler par son nom, ne prétend-il pas me ressembler! Bien plus, n'a-t-il pas la fatuité de déclarer que nos ancêtres étaient frères! Je demande justice.

— Grand Jupiter, dit la pie, si l'homme n'a point osé prétendre que nous avions tous deux une origine commune, du moins il compare mes chants au bavardage immodéré de sa femelle. Cela peut-il se soutenir?

— Il nous injurie tous les jours par des comparaisons blessantes pour notre fierté, dirent à la fois le serin, la grue, la bécasse, le dindon.

— Cet animal inconstant, impatient et paresseux, ne se moque-t-il pas de notre patience et de notre sobriété? dirent l'âne et le chameau.

— S'il se contentait de nous maltraiter, s'écrièrent à la fois le lapin, le lièvre, la perdrix, nous ne songerions guère à autre chose qu'à hausser les pattes; mais il nous poursuit et nous tue : nous trouvons chaque matin quelqu'un de nos familles assassiné par ces méchants.

— Hélas! coassa une jeune grenouille, sous prétexte d'expériences scientifiques, mes sœurs sont victimes de leur cruauté. Et même après leur mort leurs membres sont traversés par un tonnerre que ces inhumains semblent, ô Jupiter! vous avoir dérobé. »

Un coq s'avança en titubant. D'une voix avinée, il s'adressa au souverain des dieux :

« La mort n'est rien, dit-il; elle est préférable au déshonneur. L'homme ne cherche-t-il pas en ce moment même à nous communiquer, par la force, ses passions et ses vices! Moi, dont la tempérance était vantée, j'ose me présenter ivre devant toi, Jupiter, afin que tu considères dans quel état d'abaissement l'homme m'a jeté. Il m'a choisi pour sujet d'expériences nouvelles, sans doute parce que je suis consacré à Minerve, la déesse de la Sagesse, et qu'il a voulu injurier les dieux. J'ai dû boire de force les liqueurs infernales qu'ils appellent l'absinthe, l'eau-de-vie, le vin; et le plus triste, seigneur, c'est que je les ai trouvées excellentes. Les hommes ont réussi à m'habituer à ces funestes mais très agréables boissons. Sous l'influence de ces liqueurs de feu, mon corps s'est amaigri, mon estomac s'est rétréci, ma voix a perdu sa note claire et vibrante; la raison qui nous distingue des hommes semble m'avoir abandonné. Enfin, l'admirable ornement qui surmonte ma tête, cette crête dont j'étais à bon droit si fier, se développe d'une façon exagérée, énorme; elle devient si lourde que je ne puis plus la supporter et qu'il me faut baisser la tête devenue trop pesante. Par une dernière ironie, celui qui essaye en ce moment de démoraliser nos frères, de ravaler à l'état d'hommes les animaux, ces rois de la création, est un membre de cette société dangereuse et meurtrière qu'ils appellent, par moquerie sans doute, la Société protectrice des animaux. L'excès de ces boissons a bien d'autres dangers encore... »

En ce moment, un coup de sonnette m'éveilla brusquement. Le matin était venu. Je me jetai hors du lit, la tête lourde, ne sachant encore où finissait le rêve et où commençait la réalité, car les phénomènes indiqués par le coq sont très exactement ceux que les savants ont observés.

CHAPITRE IX

LES PIERRES QUI TOMBENT DU CIEL.

Les bolides. — La Crau. — L'ancile. — La caaba. — Météorites : de la Caille, d'Orgueil, du Groenland, fer de Pallas. — D'où viennent les météorites. — Composition des pierres du ciel.

Il n'est pas rare d'apercevoir, durant les belles nuits d'été, des globes de feu de couleur et de grosseur variables, courant dans le ciel et faisant tout à coup explosion. Ce ne sont pas des étoiles filantes, mais des *bolides*, qui se distinguent des étoiles filantes en ce qu'ils sont plus gros et en ce que leur disparition est accompagnée d'une détonation parfois très violente. Le mot bolide vient du grec (*bolis*) et signifie *trait*.

Ces bolides se meuvent avec des vitesses considérables. Ainsi, tandis que nos meilleures locomotives parcourent 30 mètres par seconde, tandis qu'un boulet de canon parcourt de 300 à 400 mètres par seconde, les bolides parcourent dans le même temps 30 000 mètres environ.

Ce nombre moyen a paru singulièrement dépassé dans quelques apparitions. On a prétendu (Warterman) que cette vitesse pouvait atteindre 356 000 mètres par seconde, c'est-à-dire plus de onze fois la vitesse de la terre. Ces bolides apparaissent à des hauteurs très variables, mais toujours très élevées; ainsi quelques bolides ont fait leur apparition à 9700 mètres, d'autres à 226 000. L'écart est considérable, comme on le voit. Leur direction est, en général, opposée à celle de la terre dans son mouvement autour du soleil.

En traversant notre atmosphère, le bolide, dont l'éclat est parfois comparable à celui de la lune en son plein, laisse derrière lui un sillon lumineux qui persiste pendant quelques minutes et parfois pendant plusieurs heures. Puis une détonation se fait entendre, détonation qui nous paraît plus ou

CHUTE D'UN BOLIDE.

noins intense, mais qui, dans tous les cas, du moment où lle arrive jusqu'à nous, doit être considérable, car elle se roduit dans des régions où l'air est très rare et par conséuent mauvais propagateur du son. Cette détonation doit être lus intense que les plus forts bruits que nous percevons sur terre. En même temps le bolide éclate en fragments qui tonent sur la terre et que nous connaissons sous les noms d'*aé-*

rolithes (nom dérivé de deux mots grecs : *aer*, air, et *lithos*, pierre) ou de *météorites* (du grec *meteoros*, qui veut dire : élevé dans l'air).

Ce phénomène, connu dès l'antiquité la plus reculée, a donné naissance à un grand nombre de légendes. Vous avez entendu parler de la plaine de la Crau, qui se trouve dans le département des Bouches-du-Rhône, entre le Rhône et l'étang de Berre; cette vaste plaine est couverte de cailloux dont voici l'origine. On raconte qu'Hercule, après avoir colonisé la Crète, fondé Utique, Carthage, séparé l'Espagne de l'Afrique, ouvert le détroit qui porte son nom, remonta vers le nord : « Au bord du Rhône il est attaqué par Albin et Ligur, fils de Neptune; son carquois est épuisé; le héros va périr, quand une pluie de pierres tombe du ciel et couvre la plaine de la Crau de ces cailloux innombrables qu'on y voit encore aujourd'hui. » Rappelons, en passant, que le divin Hercule était certainement un prince phénicien, et que la légende qui entoure son nom indique assez fidèlement la marche de la civilisation phénicienne dans le monde occidental.

Les Grecs adoraient la déesse Cybèle et ils la représentaient sous la forme d'une pierre noire tombée, disait-on, du ciel. En Syrie, le soleil était adoré sous la forme d'une pierre à laquelle on attribuait aussi la même origine.

A Rome, sous le règne de Numa, une pierre en forme de bouclier était tombée du ciel; les augures avaient annoncé que le destin de la ville naissante était lié à la conservation de ce bouclier céleste. Numa fit exécuter par un ouvrier habile onze boucliers absolument semblables à celui-là, afin de déjouer les mauvais desseins de ceux qui tenteraient de s'en emparer. Ces boucliers, appelés *anciles*, étaient déposés dans le temple de Mars sous la garde de douze prêtres appelés *saliens* (de *salire*, sauter), parce que chaque année, au mois de mars, ils parcouraient la ville munis des boucliers sacrés, en sautant et dansant. Nous avons raconté en détail cette histoire dans notre *Légende des mois*.

Les musulmans donnent le nom de *Caaba* à une pierre sacrée qui est conservée dans une petite chapelle bâtie au milieu de la cour de la grande mosquée de la Mecque; par extension on donne le nom de Caaba à la chapelle elle-même. « Cette célèbre pierre est noire et sa surface est usée par les baisers de plusieurs millions de pèlerins; car Mahomet a imposé à tous ses sectateurs l'obligation de visiter au moins une fois dans leur vie la sainte pierre. » Bien que les Musulmans prétendent que cette pierre fut apportée par l'ange Gabriel, il est probable que ce fut simplement un aérolithe.

Ces pierres tombées du ciel, actuellement en nombre considérable, sont d'ailleurs très différentes les unes des autres quant à leur forme, leur composition, leur poids. Quelques-uns de ces fragments pèsent à peine quelques grammes, d'autres pèsent plusieurs milliers de kilogrammes. On peut voir dans les galeries du Muséum d'histoire naturelle de Paris une météorite trouvée en 1828 à la Caille (Alpes-Maritimes); c'est un bloc de fer pur qui pèse 625 kilogrammes. On a trouvé en Sibérie, en 1776, une météorite connue sous le nom de *fer de Pallas* et qui pèse 700 kilogrammes. Ces deux météorites sont en fer presque pur. En 1864, il est tombé à Orgueil, près de Montauban, un fragment de météorite pesant 1130 grammes et exclusivement charbonneuse. Un Suédois, M. Nordenskiöld, dont tout Paris connaît le nom depuis sa dernière expédition arctique, a découvert, il y a sept ans, dans le Groenland, une météorite formée de fer magnétique et qui pèse *vingt mille kilogrammes*. Enfin, il y a quelques mois, on a découvert à Santa-Catarina (Brésil), une météorite pesant *vingt cinq mille* kilogrammes, enfouie à une profondeur de 40 centimètres. La composition de cette masse métallique, formée principalement de fer et de nickel, est tellement différente de celle des roches du pays, que son origine extraterrestre n'est pas douteuse. Par son poids, le fer nickelé de Santa-Catarina occupe l'un des premiers rangs parmi les masses de fer météoriques connues.

FER DE PALLAS TROUVÉ EN 1776 EN SIBÉRIE.

Sans doute, les météorites dont je viens de vous parler ont été trouvées longtemps peut-être après leur chute; mais il en est un grand nombre que, dans ces derniers temps, pour ne parler que des faits récents, l'on a vues tomber. Je choisis, parmi mille relations du même genre, la suivante : « Le 9 juin 1866, entre quatre et cinq heures de l'après-midi, à Kniahynia, en Hongrie, les habitants aperçurent un bolide qui fit rapidement explosion. Le bruit était comparable à la décharge simultanée *d'une centaine de canons*. Deux ou trois minutes après l'explosion, on entendit un bruit semblable à celui que causeraient une multitude de pierres s'entrechoquant; puis une chute de pierres eut lieu. Toutes ces pierres qui furent ramassées étaient encore *chaudes* au toucher plusieurs heures et même plusieurs jours après la chute, et sentaient le soufre. »

Mais d'où viennent ces météorites? Du ciel, répondaient sans hésiter les anciens; du ciel, disaient les Grecs, qui nous envoie de cette façon des portraits de Cybèle, afin que nous puissions les adorer; du ciel, disent encore aujourd'hui les Arabes, d'où elles sont lancées contre les tribus insubordonnées, et leurs marabouts les portent comme de précieuses amulettes qui ont le privilège d'écarter les influences néfastes des divinités infernales.

Il n'y a pas un siècle, les savants étaient encore fort divisés sur la question de l'origine des météorites. Les uns prétendaient que ces pierres accompagnaient les chutes de foudre, et on les appelait *pierres de tonnerre;* d'autres affirmaient qu'elles étaient lancées des volcans de la lune; d'autres enfin les croyaient détachées du sommet des montagnes par l'action des trombes et des ouragans.

Ce n'est que depuis un petit nombre d'années qu'on a définitivement reconnu que ces pierres tombaient réellement du ciel. Une chute d'aérolithes, qui eut lieu à Laigle le 26 avril 1803, fut l'objet d'un examen sérieux, et voici comment le physicien Biot rend compte de ce phénomène : « Vers une heure après midi, le ciel étant serein, on aperçut de Caen, de Pont-Audemer, de Falaise et de Verneuil un globe enflammé d'un éclat très brillant et qui se mouvait dans l'atmosphère avec une grande rapidité. Quelques instants après, on entendit à Laigle et aux environs de cette ville, dans un cercle de plus de trente lieues de rayon, une explosion violente qui dura cinq ou six minutes; ce furent d'abord trois ou quatre détonations qui ressemblaient à des coups de canon, suivies d'une espèce de décharge analogue à une fusillade, après laquelle on entendit comme un épouvantable roulement de tambours. Le bruit partait d'un petit nuage qui avait la forme d'un rectangle et qui parut immobile pendant tout le temps que dura le phénomène; seulement les vapeurs qui le composaient s'écartaient momentanément de différents côtés par l'effet des explosions successives. Ce nuage se trouvait à peu près à une demi-lieue de la ville; il était très élevé dans l'atmosphère. Dans tout le canton sur lequel ce nuage planait, on entendit des sifflements semblables à ceux d'une pierre lancée par une fronde, et l'on vit en même temps tomber une quantité de masses minérales. Le nombre des fragments tombés est certainement au-dessus de deux à trois mille. Le plus gros pèse 9 kilogrammes et le plus petit environ 8 grammes. » Il faut ajouter un détail curieux : ces pierres se sont disposées suivant un cercle allongé (une ellipse) ayant deux lieues et demie de long sur une lieue de large. Nous savons aujourd'hui que ces pierres nous arrivent des espaces célestes, et l'on admet que ce sont les débris d'une ancienne planète qui, dans la suite des âges, s'est fendue et désagrégée. Toutes les planètes auront vraisemblablement le même sort, et notre terre elle-même, suffisamment refroidie un jour, laissera tomber sur d'autres planètes des fragments de sa masse.

Mais alors, s'il est vrai que ces météorites appartiennent à une planète refroidie, vous comprenez combien il est intéressant de les examiner, afin de rechercher si nous ne découvrirons pas un corps dont la présence n'ait pas encore été reconnue sur notre globe. Des analyses nombreuses ont été faites; on a signalé dans ces aérolithes du soufre, du phosphore, du charbon, du cuivre, de l'aluminium, du fer surtout; mais on n'a jamais jusqu'ici observé de corps nouveau.

Ces recherches montrent donc que les différents astres ont une même composition chimique; déjà l'étude du soleil avait conduit à la même conséquence. Si donc les météorites ont perdu leur caractère mystérieux et poétique, elles nous ont conduits à des résultats dont la grandeur ne vous échappe pas. Au surplus, vous observerez la différence considérable qui sépare notre siècle scientifique des époques passées. Ces pierres, que la superstition grecque et romaine divinisait, ne sont plus pour nous que des échantillons de valeur. On les adorait à Rome et à Athènes : on les collectionne à Paris.

CHAPITRE XI

L'AIR SOLIDE

L'atmosphère. — Pesanteur de l'air. — Liquéfaction des gaz. MM. Cailletet et Pictet.

Autour du globe que nous habitons circule un véritable océan gazeux qu'on appelle *atmosphère* ou *air*. N'allez pas croire que cette enveloppe gazeuse s'étende jusqu'aux limites infinies de l'univers; non, sa hauteur est même relativement peu élevée et ne dépasse pas, à ce que l'on croit, 70 lieues.

Cet air qui nous environne de toutes parts et dont la présence est indispensable à la vie de l'homme, des animaux et des plantes, cet air était considéré par les anciens comme la divinité elle-même. On trouve dans l'un des plus anciens livres qui nous soient parvenus, dans le *Rig-Véda*, des idées bien singulières sur la forme de notre planète. Au-dessus de la terre, qu'ils supposent plane et indéfinie, les premiers peuples de l'Inde (ce sont eux qui nous ont légué le *Rig-Véda*) placent une voûte figurant le ciel et, entre la terre et le ciel, l'air lumineux qu'ils appellent *Dyaus*.

Certains étymologistes ont tiré de ce nom, Dyaus, les noms de Dieu et de Jupiter. De Dyaus, disent-ils, on a fait Zeus, puis Dios, puis Deus et enfin Dieu. En ajoutant à ces mots divers l'épithète *pater*, qui veut dire père, on obtient Dios pater, Zeus pater,... Jupiter. Si je ne craignais de blesser l'amour-propre très irritable des étymologistes, je me permettrais d'ajouter que ce système de déductions, ingénieux sans doute, n'est rien moins que certain. On pourrait ainsi, par voie de modifications successives, faire dériver tous les mots les uns des autres, et je me garderai bien de vous rappeler qu'un savant plein de foi a trouvé que cheval dérivait du mot latin *equus*. Comment? En changeant simplement *e* en *che* et *quus*... en *val*.

Lorsque l'air eut cessé d'être regardé comme une divinité, on en fit un des quatre éléments, c'est-à-dire un des quatre corps simples formés chacun d'une matière spéciale et indécomposable; ces quatre éléments étaient : l'air, la terre, l'eau et le feu. Vous savez que cette conception était singulièrement erronée, et, pour nous en tenir à l'air, vous n'ignorez pas que cet *élément indécomposable* a parfaitement été décomposé, ainsi que nous le dirons tout à l'heure.

Cet air, pendant longtemps regardé comme impondérable, c'est-à-dire sans poids, est pesant, au contraire, et depuis Torricelli, Galilée et Pascal, nous savons qu'un litre d'air pèse $1^{gr},3$.

L'atmosphère pèse sur le sol d'un poids qui est en moyenne de 10 336 kilogrammes par mètre carré. Notre corps supporte une pression en tous sens qui est d'environ 17 500 kilogrammes à la surface de la terre. Quand nous nous élevons dans l'air, cette pression diminue de tout le poids de la couche d'air que nous laissons au-dessous de nous : au sommet du mont Blanc, cette pression n'est plus que de 8750 kilogrammes; aussi les gaz intérieurs de notre corps se dilatent, et fréquemment, à ces grandes hauteurs, le sang sort par les yeux, le nez et les oreilles.

Si l'air qui nous environne pouvait être solidifié et placé dans le plateau d'une balance, il faudrait, pour rétablir l'équilibre, placer dans l'autre plateau un poids représenté en grammes par le chiffre 5 suivi de vingt et un zéros :

5 000 000 000 000 000 000 000 grammes!

soit 5 quintillions de kilogrammes!! Le poids de la terre étant de 5 875 000 quintillions de kilogrammes, vous voyez que le poids de l'atmosphère est environ la millionième partie du poids de notre globe.

Je viens de faire une hypothèse qui a dû vous faire sourire. J'ai supposé que notre atmosphère pouvait être rendue solide et transformée en lingot, tout comme l'or ou l'argent. L'air solide? Pourquoi, dès lors, ne croirions-nous pas à l'existence de ce pays fantastique dans lequel on nous raconte que les paroles prononcées gelaient et devenaient dures comme la pierre? Pourquoi ne croirions-nous pas, avec le philosophe grec Empédocle, que la lune n'est que de l'air congelé? Il faut bien cependant nous rendre à l'évidence. Oui, on est parvenu à solidifier de l'air, un très petit volume d'air, il est vrai; mais enfin on a obtenu des morceaux d'air solide. Nous allons vous dire par quels moyens.

L'air n'est pas un élément, c'est-à-dire un corps simple. Un illustre chimiste français, Lavoisier, a montré que cet air est un mélange de deux gaz qu'on appelle *oxygène* et *azote*. Ces deux gaz ont des propriétés entièrement opposées, mais également nuisibles pour l'homme; de telle sorte que si l'air était formé d'un seul de ces deux gaz, l'homme et les animaux ne pourraient y vivre un instant. Dans l'azote nous serions asphyxiés; dans l'oxygène, nos tissus seraient immédiatement brûlés. Delille nous l'apprend en mauvais vers :

Sur nous, comme l'esprit d'une liqueur active,
L'un d'eux exercerait une action trop vive;
L'autre serait mortel, et de nos faibles corps
Ses dormantes vapeurs détruiraient les ressorts.

Le mélange de ces deux gaz donne au contraire un milieu admirablement propre à la vie des animaux.

Puisque nous savons que l'état solide, l'état liquide et l'état gazeux sont des formes diverses des mêmes corps, quelle difficulté existe-t-il donc à solidifier, liquéfier un gaz, ou inversement à transformer en vapeur un corps solide ou liquide? L'eau n'est-elle pas solide à zéro, gazeuse à 100 degrés et liquide à la température ordinaire? et tous les corps ne peuvent-ils aussi aisément affecter ces trois états? Certains liquides, l'alcool, l'éther, se transforment en vapeurs bien avant la température de l'ébullition de l'eau; d'autres exigent des températures très élevées : le vinaigre se vaporise à 120 degrés, l'essence d'anis à 220 degrés, l'huile de lin à 387 degrés, etc.; d'autres, au contraire, demandent une température très basse : l'acide sulfureux, qu'on obtient en brûlant des allumettes soufrées, est un gaz à la température ordinaire et un liquide à 10° au-dessous de zéro.

Il y a quelques mois encore, on professait dans les cours de chimie que tous les gaz, *sauf cinq*, pouvaient être liquéfiés en étant soumis à une température suffisamment basse et à une forte pression. Ces cinq gaz, qu'on appelait *gaz permanents*, étaient : l'oxygène, l'azote, l'hydrogène, le bioxyde d'azote et l'oxyde de carbone.

Il fallait que la difficulté, sinon l'impossibilité de liquéfier ces cinq gaz fût bien réelle, car les savants avaient entre les mains de puissants moyens de refroidissement et de compression. Nous n'en citerons qu'un exemple :

Le chimiste anglais Faraday cherchait depuis longtemps à liquéfier un gaz que vous connaissez bien et qui est le produit de toutes les combustions : l'acide carbonique; il y parvint, à la température de zéro, en exerçant sur ce gaz une pression égale à 36 fois la pression atmosphérique. Faraday n'obtenait ainsi que de très petites quantités d'acide carbonique liquide.

Un constructeur français, Thilorier, imagina un appareil représenté sur notre gravure et qui permet d'en recueillir des quantités considérables. Cet appareil se compose de deux parties, le générateur C, dans lequel on produit l'acide carbonique, et un récipient C' dans lequel on reçoit le gaz liquéfié.

Dans le générateur C, l'acide carbonique produit pourrait occuper, à la température de la chambre, un volume 75 fois plus considérable que celui dans lequel il est obligé de

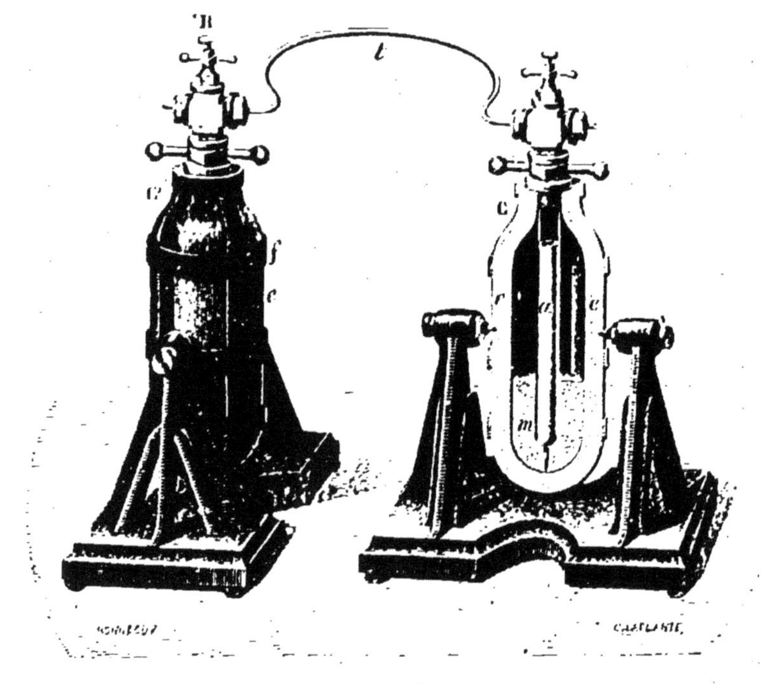

APPAREIL DE THILORIER.

séjourner. Le gaz est donc comprimé, et sous l'influence de cette énorme pression, il se liquéfie et se rend dans le récipient C'. Si nous ouvrons le robinet R, qui permet au liquide de communiquer avec l'extérieur, le liquide carbonique repassera à l'état de gaz, mais en produisant un froid des plus vifs, qu'on peut évaluer à 70 degrés au-dessous de zéro; ce froid solidifiera la partie du liquide non encore transformée en gaz et nous pourrons recueillir une neige blanche, floconneuse, d'acide carbonique liquide.

Les cinq gaz dits permanents, dont nous avons parlé plus

haut, avaient résisté à l'énorme pression obtenue dans l'appareil de Thilorier; ils avaient même résisté au froid extrêmement vif qu'on peut produire avec l'acide carbonique liquide, et on désespérait presque de les obtenir liquides, lorsque, en décembre 1878, un chimiste français, M. Cailletet, annonça successivement qu'il avait pu liquéfier le bioxyde d'azote, l'oxygène et l'oxyde de carbone.

Presque en même temps, un savant suisse, M. Pictet, annonçait qu'il avait liquéfié l'oxygène et l'hydrogène.

M. Cailletet opère de la manière suivante : Il refroidit le gaz à 30 degrés environ au-dessous de zéro, puis il le soumet à une pression égale à 300 fois la pression atmosphérique. Dans ces conditions, *rien ne se produit.* Mais, vient-on à laisser échapper ce gaz si fortement comprimé, par le fait même de cette détente, la température du gaz descend à 200 degrés au-dessous du point de départ (c'est-à-dire, dans les conditions actuelles, à 230 degrés au-dessous de zéro).

Ce froid des plus intenses a permis la liquéfaction et même la solidification des gaz qui avaient été considérés jusqu'ici comme permanents.

M. Pictet, de Genève, n'utilise pas le froid produit par la détente des gaz comprimés, mais il soumet ces gaz à l'action immédiate d'une énorme pression et d'un froid très vif produit par l'acide carbonique solide. C'est ainsi que ce savant liquéfia l'hydrogène, le 11 janvier 1879, en le soumettant à un froid de 140 degrés au-dessous de zéro et à une pression égale à *six cent cinquante* fois la pression atmosphérique.

Enfin, M. Cailletet, opérant sur de l'air, a pu obtenir de l'*air liquide* coulant en petits filets le long du tube à expériences. La pression fut progressivement augmentée et M. Cailletet aperçut enfin une masse semblable au givre : c'était de l'*air gelé!*

Maintenant, si vous me demandez quelle sera l'utilité *pratique* de cette curieuse expérience, je vous avouerai que personne ne le sait. Lorsqu'on eut constaté pour la première fois que des morceaux d'ambre frottés avec de la laine attiraient les corps légers, personne ne se doutait que cette propriété nouvelle de l'ambre était le point de départ des merveilles enfantées par l'électricité. Lorsque Héron d'Alexandrie faisait tourner une boule remplie de vapeur d'eau, rien qu'en laissant échapper cette vapeur par plusieurs trous percés dans la boule, personne ne pouvait penser que ce petit jouet, perfectionné, devait nous donner la machine à vapeur.

Le temps nous fera connaître les conséquences pratiques des belles expériences que nous venons de rappeler. Elles seraient déjà remarquables et bien dignes de fixer notre attention, quand elles n'auraient pour résultat que de montrer la généralité de cette grande loi physique de transformation des corps de l'état gazeux à l'état liquide et à l'état solide. Les cinq gaz qui avaient paru jusqu'ici réfractaires viennent, grâce aux travaux de MM. Cailletet et Pictet, de rentrer enfin dans la loi commune.

CHAPITRE XII

LES CRUES DE LA SEINE

Hauteur des pluies. — La Seine. — L'étiage. — Les inondations.
Les annonces des crues.

Il est possible d'annoncer plusieurs jours à l'avance les crues de la Seine, d'indiquer la hauteur qu'elles atteindront et de mettre en garde, par conséquent, les riverains contre les inondations.

Les inondations n'ont jamais d'autre origine que les pluies du ciel ou la fonte des neiges et des glaces, lorsqu'elles sont à la fois très abondantes et subites.

La quantité d'eau qui tombe dans une pluie se mesure, dans les observatoires, au moyen d'instruments spéciaux qu'on appelle *pluviomètres* ou *udomètres*. Ces instruments se composent d'un entonnoir dont la grande surface, exposée à la pluie, est exactement connue. L'eau qui pénètre dans ce réservoir est conduite dans un récipient fermé dans lequel elle séjourne, sans qu'elle puisse s'évaporer, jusqu'au moment où on la fait tomber dans un vase gradué. On lit alors la hauteur du liquide recueilli. Si nous supposons que le vase gradué, cylindrique, ait une surface de 10 centimètres carrés et que la hauteur de l'eau soit de 10 centimètres, le volume de la pluie est $10 \times 10 = 100$ centimètres cubes, correspondant à la surface de l'entonnoir. Si cette surface est de 1000 centimètres carrés, la hauteur de la pluie est de $\frac{100}{1000}$ ou $0^c,1$.

On a trouvé que, en moyenne, la hauteur de la pluie qui tombe annuellement à Paris est de 514 millimètres, se répartissant inégalement entre les différents mois. C'est en juin et en juillet que tombent les plus fortes averses; le minimum de

PLUVIOMÈTRE DE L'OBSERVATOIRE DE PARIS.

pluie arrive en février et en mars. Jusqu'à ce jour, l'ann 1866 a été la plus humide du siècle : il est tombé 640 mil mètres d'eau à Paris; l'année 1855 a été la plus sèche n'est tombé que 350 millimètres d'eau.

En France, la moyenne annuelle de la hauteur de pluie est de 580 millimètres, correspondant à un nombre moyen de 113 jours de pluie. Dans cette moyenne disparaissent évidemment les grandes inégalités que l'on constate, sous le rapport de la pluie tombée, entre les diverses parties de notre territoire.

La Seine prend sa source au mont Tasselot, dans la commune de Chanceaux, département de la Côte-d'Or, à 435 mètres au-dessus du niveau de la mer. Elle traverse successivement les départements de la Côte-d'Or, de l'Aube, de la Marne, de Seine-et-Marne, de Seine-et-Oise, de la Seine, repasse dans Seine-et-Oise, traverse les départements de l'Eure, de la Seine-Inférieure et va se jeter dans la Manche entre le Havre et Honfleur, après un parcours de 800 kilomètres.

Les eaux du fleuve sont grossies par celles de ses affluents, et si nous nous bornons à indiquer les crues de la Seine à Paris, il suffira de considérer les rivières ou les sources qui se jettent dans la Seine en amont de Paris.

Nous vous rappelons que le mot *amont* du latin *ad montem*, indique la partie du fleuve comprise entre un point désigné et la montagne d'où ce fleuve a pris naissance; aller *en aval* (du latin *ad vallum*, vers la vallée), c'est descendre le fleuve vers son embouchure.

Les principales rivières qui se jettent dans la Seine, en amont de Paris, sont, sur la rive droite : l'Aube, la rivière d'Yères, la Marne, qui, grossie de la Blaise, de l'Ornain, du Petit et du Grand Morin, de l'Ourcq, se jette dans la Seine à Charenton; sur la rive gauche : l'Yonne, qui, accrue de l'Armançon, se jette dans la Seine à Montereau-Fault-Yonne (c'est-à-dire Montereau où l'Yonne fait défaut), le Loing, l'Essonne, la Bièvre.

Tous ces cours d'eau, grossis par les pluies, enflent démesurément parfois le volume de la Seine; mais ce serait une erreur de croire que les crues des plus grosses rivières ont une influence plus considérable sur les mouvements du fleuve. *L'influence des cours d'eau dépend essentiellement des terrains sur lesquels ils circulent.*

Ces terrains peuvent être divisés en deux classes : ceux qui sont perméables et ceux qui ne le sont pas. Lorsque le sol est perméable, il boit, pour ainsi dire, l'eau du cours d'eau, dont la hauteur se trouve ainsi diminuée. Sans doute cette eau n'est pas complètement perdue et, grâce à la pente du sol, elle finira par rejoindre le fleuve, mais du moins cet écoulement sera ralenti. Si, au contraire, le sol est imperméable, l'eau du cours d'eau se précipitera en torrent vers le fleuve, qu'il grossira instantanément.

Ce sont, vous le comprenez, les crues des cours d'eau torrentiels qui déterminent les inondations du fleuve; ce sont surtout ces cours d'eau qu'il faut surveiller quand on veut prévoir les grandes crues du fleuve.

L'étendue du bassin de la Seine est de 79000 kilomètres carrés, recevant annuellement un volume d'eau égal à 790000000000000 $\times$ 51^{cc},5 ou 40 milliards 685 millions de mètres cubes d'eau, en prenant comme hauteur moyenne de la pluie 51^{c},5. Mais, sur ces 79000 kilomètres carrés, il n'y a que 19440 kilomètres carrés de terrains imperméables, c'est-à-dire ayant une action sur les crues de la Seine; le reste, formant une surface de 59000 kilomètres carrés environ, n'a aucune influence sur les débordements du fleuve.

L'annonce des crues subites de la Seine est donc possible quand on est prévenu des crues de ses affluents torrentiels.

Avant de vous donner une idée de l'organisation adoptée, cherchons quelques indications sur les principales inondations de la Seine.

Lorsqu'on veut connaître la hauteur de la Seine à Paris, on va lire à l'échelle du pont de la Tournelle ou à celle du pont Royal la division qui correspond au niveau du fleuve;

L'ATMOSPHÈRE PENDANT LA PLUIE.

ces deux lectures ne sont pas les mêmes, le point zéro des deux échelles n'étant pas placé à la même hauteur. L'échelle du pont de la Tournelle a été posée au commencement du XVIIIe siècle; son zéro a été placé au niveau des *plus basses eaux observées jusque-là*, c'est-à-dire d'une manière arbitraire. Depuis cette époque, en effet, la Seine est descendue plusieurs fois au-dessous de ce niveau, et dans ce cas les hauteurs du fleuve indiquées portent la mention : *au-dessous de l'étiage.* Au pont Royal, le zéro de l'échelle est placé à 50 centimètres au-dessus du zéro de l'échelle du pont de la

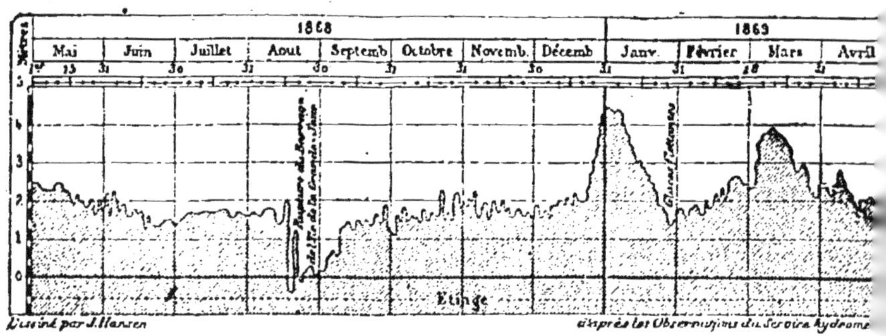

Hauteur de la Seine à Paris (pont Royal) pendant une annet du 1er Mai 1868 au 30 Avril 1869.

Nota. Les variations brusques de niveau sont dues aux écluses d'Yonne et de Seine.

Tournelle : les nombres lus au pont Royal doivent donc être corrigés de cette même quantité si l'on veut les comparer à ceux de l'échelle d'étiage.

Ajoutons encore que la largeur de la Seine est différente en ces deux points : elle est de 97 mètres au pont de la Tournelle et de 84 mètres seulement au pont Royal. Pour un même volume d'eau qui passe sous ces deux ponts, la hauteur marquée à l'échelle est donc plus élevée au pont Royal.

La hauteur moyenne de la Seine à Paris est de 1^m^,24. Cette hauteur est, en hiver, de 2 mètres; au printemps, de 1^m^,50; en été, de 0^m^,65; en automne, de 0^m^,83.

Les plus basses eaux de la Seine, depuis le commencement

du siècle, ont été celles du 13 septembre 1803 : 26 centimètres au-dessous de l'étiage. Les plus hautes ont été : celles de 1809, 7^{m},45 ; celles de 1836, 6^{m},40. La Seine entre en grande crue ordinaire lorsqu'elle atteint la cote 5 mètres à l'échelle du pont de la Tournelle et la cote 6 mètres au pont Royal. Elle touche alors les bords des grands cercles de fonte des culées du pont des Saints-Pères et submerge certaines rues basses de Paris, notamment le quai de Bercy et la rue Hérold à Auteuil. La crue du 17 mars 1876 a été par sa hauteur la deuxième du siècle : elle a atteint 6^{m},50 au pont de la Tournelle.

Les inondations de la Seine étaient assez fréquentes pendant les siècles passés ; les débâcles étaient surtout redoutées. Les ponts étaient formés d'arches très étroites, les glaces s'accumulaient en amont et y formaient de véritables barrages qu'on nommait *embâcles*.

Au moment de la débâcle, ces eaux se lâchaient brusquement et formaient une crue qui grossissait de plus en plus de pont en pont. Depuis 1830, on a ouvert de grandes arches marinières dans tous les ponts ; les débâcles ne présentent plus de danger spécial. Nous avons recherché dans les annales du vieux Paris des indications sur les inondations de la Seine, et nous trouvons qu'en janvier 1280 tous les ponts de Paris furent détruits, comme on le voit dans la *Chronique de Saint-Magloire* :

> L'an mil deux cents et quatre vins
> Rompirent li pont de Paris
> Pour Sainne qui crût à outrage
> Et fist en maint leu grand domage.

Des inondations désastreuses eurent lieu en 1649, 1651, 1658. En 1658, disent les historiens, les eaux couvrirent plus de la moitié de Paris et s'élevèrent à 20 pieds 9 pouces au-dessus des plus basses eaux. Cette crue emporta plusieurs ponts, notamment le pont Marie ; 22 maisons bâties sur ce pont tombèrent dans l'eau et près de 120 personnes qui habitaient ces maisons furent noyées. Nous signalerons encore les crues de 1665, 1667, 1690; dans cette dernière inondation, « l'eau pénétra jusque dans les cours du Palais et dans le cloître de Notre-Dame ».

CRUE DE LA SEINE A BERCY.

Nous avons dit, d'une part, que les pluies provoquaient les inondations et, d'autre part, que c'est en juin et en juillet que la quantité d'eau tombée est la plus grande. Vous pourriez en conclure que ce doit être durant ces deux mois que les crues de la Seine sont le plus à redouter : ce serait une erreur; les inondations de la Seine ont principalement lieu en hiver; cela tient à ce que *les pluies des mois chauds ne profitent pas aux cours d'eau.* Le savant ingénieur qui a établi cette vérité, M. Dausse, explique par l'évaporation active que aux chaleurs de l'été le peu d'influence, au point de vue des crues, des pluies tombées du 1er mai au 1er octobre.

Vous pourriez encore penser, d'après ce qui précède, que pour prévoir une crue il doit suffire de relever, à l'aide de pluviomètres, la hauteur d'eau tombée sur les terrains imperméables. Malheureusement la loi des relations qui doivent exister entre la hauteur des pluies et celle des crues n'est pas encore connue. Un éminent ingénieur, M. Belgrand, a observé, depuis de longues années, les relations qui existent entre les crues de la Seine et celles de ses affluents torrentiels, et il est arrivé à déduire des résultats pratiques très suffisamment exacts; il prédit les crues de la Seine d'après les crues de ses affluents.

Voici la règle suivie : Pour chaque crue torrentielle de ses affluents, la Seine à Paris a une crue dont la durée varie entre trois et quatre jours. La hauteur de cette crue à Paris est égale à la hauteur moyenne de la crue des affluents multipliée par $2^m,05$; si le fleuve était en décroissance au moment d'une nouvelle crue, c'est par $1^m,55$ qu'il faudrait multiplier la hauteur de la crue des rivières torrentielles.

Ainsi, on annonce une crue des affluents de la Seine. Nous en concluons immédiatement que la Seine va monter à Paris dans trois ou quatre jours. On nous dit, en outre, que la hauteur moyenne de ces affluents s'est élevée de 2 mètres : la hauteur du fleuve sera de $2^m \times 2^m,05$ ou $4^m,10$; si le fleuve était en décroissance, sa hauteur atteindrait seulement $2^m \times 1^m,55$ ou $3^m,10$.

Il serait désirable sans doute que des règles analogues fussent établies pour tous les fleuves de France; malheureusement ces observations sont organisées depuis un temps relativement très court, et s'il est facile de comprendre qu'il sera possible un jour de prédire les crues de tous les cours d'eau, il faut avouer que nous ne sommes pas encore en état de le faire aujourd'hui.

CHAPITRE XIII

COMBIEN NOUS AVONS DE CHEVEUX SUR LA TÊTE.

Un Anglais, le docteur Erasmus Wilson, à la suite de longues et patientes investigations, vient de fixer le nombre moyen des cheveux placés sur une tête humaine ! Comment le calcul a-t-il été fait ? M. Wilson ne le dit pas. Ce patient docteur a-t-il dépouillé cheveu par cheveu la chevelure d'une tête singulièrement complaisante ? Que dis-je d'une tête ? puisque le docteur donne un résultat moyen, il a dû opérer sur un grand nombre de têtes. Faut-il penser, au contraire, que, sans arracher le moindre poil, M. Wilson a pu compter le nombre des cheveux en les isolant par petits groupes ? Quel que soit le procédé employé, les résultats de M. Wilson ont plongé dans une douce joie les amateurs de statistique. Vous ignorez encore, jeunes amis, les vives jouissances que cette science réserve à ses adeptes. Avant de jeter quelque clarté sur ce curieux sujet, disons en quelques mots en quoi consiste cette science.

Le mot statistique est entré dans notre langage courant, bien qu'il soit très moderne. Le professeur Achenwall, de l'université de Gottingue, le créa, en 1749, en le faisant dériver du mot latin *status*, qui veut dire situation. « La statistique, disait Achenwall, est la connaissance approfondie de la situation (*status*) respective et comparative de chaque État. » Vous voyez qu'il ne s'agissait alors que des graves problèmes économiques. Pour n'avoir pas été baptisée avant Achenwall, il est bien évident que la science statistique a toujours existé,

De tout temps les gouvernements ont eu besoin de faire le dénombrement de leurs peuples, de connaître l'état de leurs richesses,... quand cela n aurait été que pour leur imposer des redevances! Le divin Homère devait être un statisticien émérite, à en juger par les mille détails généalogiques et historiques qu'il nous donne sur le compte de ses héros.

Mais jamais plus qu'aujourd'hui la statistique n'a été en honneur. Chaque nation dresse fréquemment l'inventaire de ses ressources de toute nature; des publications nombreuses nous renseignent sur la population, les décès, les mariages, les naissances, le mouvement commercial, industriel, scientifique, hospitalier, etc., de chaque pays. Tout cela est fort bien, très utile et même parfois très intéressant; aussi nous gardons-nous bien d'en médire : tant s'en faut. Qu'est-ce donc après tout que la météorologie, la physique, la médecine...? des sciences statistiques. Toutes les sciences expérimentales, en un mot, qui commencent par amasser des faits bien observés afin de les comparer entre eux et d'en déduire des lois générales, font de la statistique. Mais on abuse de tout, même des meilleures choses, et c'est contre cet abus que nous nous élevons.

Nous disions donc que le docteur Wilson, après de longues et patientes investigations, a déterminé le nombre des cheveux qui ornent une tête humaine. Le savant docteur estime que « chaque pouce carré de la tête contient 1066 cheveux ». Or, la superficie de la tête humaine étant à peu près de 120 pouces carrés, la tête entière est couverte, en moyenne, de 127 920 cheveux!

Qu'il me soit permis de présenter quelques observations au sujet de ce chiffre, que d'ailleurs je ne me charge pas de vérifier. Évidemment M. Wilson ne prétend pas que ce chiffre se rapporte aux infortunés qui, semblables à l'auteur de ce livre, sont atteints de calvitie; il est bien regrettable que ce savant docteur n'ait pas encore divisé les crânes dénudés en plusieurs catégories; nous aurions pu, enfin, établir la limite à laquelle un homme doit être appelé chauve. Vous savez que cela paraît malaisé, à en juger du moins par le singulier raisonnement qui suit et que vous connaissez déjà sans doute: Je suppose que vous ayez, en effet, vos 127 920 cheveux réglementaires : si j'en retire un seul, êtes-vous chauve? Non, n'est-ce pas? J'en retire un second, pas encore de calvitie. On n'admettra jamais, en effet, que la calvitie tienne à un seul cheveu disparu. Eh bien, continuez mon raisonnement, et vous arriverez à n'avoir plus un seul cheveu sur la tête sans que personne puisse vous dire chauve!

Autre observation. Il est, dit-on, certains pays dans lesquels les femmes, ne se contentant pas de la parure que la nature leur a donnée, chargent leur tête de cheveux empruntés à des têtes étrangères. On m'assure que dans ces contrées ce commerce de nattes et de faux chignons a pris des développements considérables. Pourvu que le docteur Wilson n'ait pas expérimenté sur ces cheveux postiches!

Vous savez que les Francs, au moment où ils faisaient une promesse, s'arrachaient un cheveu et l'offraient en témoignage de leur parole. On nous raconte que, saint Germier s'étant rendu à la cour de Clovis nouvellement converti, ce prince, pour lui témoigner à quel point il l'honorait, s'arracha un cheveu et le lui présenta. « Sur son invitation, les courtisans en ayant fait autant, le saint s'en retourna dans son diocèse les mains pleines de cheveux et charmé de l'accueil qu'on lui avait fait. » On nous raconte encore que chaque solliciteur offrait jadis un de ses cheveux à la personne qu'il voulait se rendre favorable; s'il est vrai que dans certains pays le nombre des solliciteurs est considérable, combien il est heureux que ceux-ci n'aient plus l'habitude de se dépouiller d'un cheveu à chaque visite! On verrait décroître d'une façon notable le chiffre moyen de 127 920, dont le savant docteur Erasmus Wilson vient avec tant de bonheur de doter la science statistique.

CHAPITRE XIV

LA TEMPÉRATURE DE NOTRE CORPS

La respiration. — L'évaporation. — Température des animaux. — Résistance à la chaleur. — Résistance au froid.

Notre corps est à chaque instant le siège d'actions physiques et chimiques qui tendent les unes à augmenter, les autres à diminuer sa température. Lorsque dans nos foyers nous brûlons du combustible, bois ou charbon, nous faisons dégager de la chaleur; la température de la salle s'élève. Comment cette chaleur a-t-elle été obtenue? Par la combinaison du bois avec un des éléments de l'air qu'on appelle *oxygène;* la partie combustible du bois ou du charbon s'appelle *carbone*, le produit de la combustion porte le nom d'*acide carbonique*.

Lorsque nous respirons, nous introduisons dans notre corps de l'air, qui consume le carbone contenu dans nos tissus, donne de l'acide carbonique et dégage de la chaleur. La respiration est donc un phénomène absolument analogue aux phénomènes de combustion qui ont lieu dans nos foyers. La chaleur incessamment dégagée par la respiration donne à notre corps sa température.

Mais cette combustion permanente élèverait d'une manière continue et indéfinie la chaleur de notre corps, si nous n'avions en nous-mêmes plusieurs causes également permanentes de refroidissement, parmi lesquelles nous pouvons citer l'évaporation de la sueur à la surface du corps.

L'évaporation est en effet une cause de refroidissement. Au sortir du bain, l'eau qui couvre notre corps s'évapore rapidement et nous donne une vive sensation de froid. Quand nous voulons rafraîchir nos appartements, nous les arrosons d'eau et nous comptons avec raison sur le froid produit par l'évaporation du liquide.

Notre corps est le siège d'évaporations continuelles qui abaissent sa température d'une manière constante : la perte de chaleur due à l'évaporation, et aussi au contact de notre corps avec l'air extérieur, généralement plus froid, compense exactement le gain de chaleur dû à la respiration, et, par un merveilleux système d'équilibre, au milieu de tant de circonstances différentes notre corps conserve la même température.

Cette température n'est d'ailleurs pas la même dans toutes les parties du corps. Ainsi, la température des extrémités, pieds et mains, est inférieure de 5 à 6 degrés à celle des parties centrales. On peut dire d'une manière générale que la température va en croissant de l'extérieur à l'intérieur et à mesure qu'on s'avance de l'extrémité des membres vers leurs racines. Le sang est ce qu'il y a de plus chaud dans notre corps.

Quand nous parlons de la température du corps humain, il faut donc comprendre qu'il s'agit de la température moyenne, et les savants ont montré que cette température s'obtient en lisant un thermomètre dont la boule est placée sous la langue : elle est de 37 degrés centigrades.

La température moyenne des animaux diffère sensiblement de la nôtre. Les animaux dont la température est la plus élevée sont : le canard et la poule, 43°,1 ; le pigeon, 43°,1 ; le moineau, 42°,1 ; l'oie, 41°,7 ; ce sont tous des oiseaux. Parmi les mammifères nous citerons : la chèvre, le mouton et le porc, 40° ; le singe, 39°,5 ; le chien, 39°,3 ; le rat, 38°,8. Nous plaçons ici l'homme, 37°, et après lui le serpent, 30° ;

l'huître, 27°,8; l'écrevisse, 26°,1; ces trois derniers animaux, de même que les poissons et les vers, paraissent avoir la température de l'air ou de l'eau dans lesquels on les trouve. Citons en terminant le scarabée, 25°; le ver luisant, 23°,3; le grillon, 22°,5.

La chaleur du corps de l'homme est absolument indépendante de la température des lieux où il demeure. Les habitants de l'équateur et ceux des contrées glaciales du globe ont exactement la même température, 37 degrés. Les petites différences qu'on peut observer ne dépassent pas 1 degré. Cette propriété spéciale, que nous partageons avec les oiseaux, mais qui nous distingue nettement des poissons et des reptiles, a pour cause chez l'homme la plus ou moins grande abondance de sueur, qui active ou ralentit l'évaporation, et par conséquent le refroidissement, à mesure que la température extérieure augmente ou diminue.

A l'appui de notre assertion voici quelques résultats d'observations faites sur des individus placés dans des conditions bien différentes d'âge, de profession et d'habitation :

Trois ouvriers vigoureux, de	24 à 33 ans.	37°,1
Trois prêtres de Bouddha, de	15 à 30 ans.	37°,1
Cinq nègres d'Afrique, de	23 à 35 ans.	37°,2
Quatre Malais, de	17 à 35 ans.	37°,2
Six cipayes, de	19 à 38 ans.	37°,1
Dix soldats anglais, de	23 à 36 ans.	37°,3

Chez l'homme à toutes les époques de la vie, depuis l'enfance jusqu'à la vieillesse, la température du corps est la même; l'homme et la femme, les gens gras et les gens maigres, ont la même température. Cependant, sous l'influence de causes particulières, cette température peut se modifier profondément. Ainsi, quand l'homme cesse de prendre toute nourriture, la chaleur de son corps diminue progressivement; l'abaissement est de 3 degrés par jour, et l'homme meurt quand la température est descendue à 25 degrés, c'est-à-dire au bout de trois à quatre jours. La durée de la résistance à la mort varie d'ailleurs d'un individu à l'autre; les gens gras vivent un peu plus longtemps que les maigres, car ils consomment leur propre graisse avant de périr. La résistance à la mort dépend d'ailleurs de l'âge, de l'état de maigreur ou d'embonpoint, de la température extérieure...

Dans les maladies la température du corps varie: elle atteint parfois 4, 5, 6 et 7 degrés au-dessus de la température moyenne, et on l'a vue descendre jusqu'à 12 et 14 degrés au-dessous. Lorsque l'homme succombe, les parties les plus éloignées du centre circulatoire, telles que les pieds, les mains, le nez, les oreilles, se refroidissent les premières; les parties profondes conservent encore longtemps une certaine quantité de chaleur.

Mais si nous considérons l'homme dans l'état de santé, nous observons que la température de son corps est à peu près invariable; la quantité de chaleur produite en un temps donné et d'une manière continue n'élève pas sa température, parce qu'elle est exactement détruite par les refroidissements qu'il subit. Peut-on évaluer cette quantité de chaleur?

L'homme rend, en moyenne, par heure, 38 grammes d'*acide carbonique* formé par la combustion du carbone contenu dans ses tissus. Ces 38 grammes d'acide contiennent 10 grammes de carbone. Donc le corps de l'homme fonctionne comme une cheminée qui brûlerait 10 grammes de charbon par heure, soit 240 grammes par jour. Mais l'acide carbonique n'est pas l'unique produit de la combustion; on constate encore la présence de *vapeur d'eau* produite par la combustion de l'hydrogène contenu dans les tissus. Il y a, par jour, 15 grammes d'hydrogène brûlé.

1 gramme de charbon, en brûlant, produit une chaleur capable d'élever de 1 degré la température de 8 kilogrammes d'eau; 1 gramme d'hydrogène, en brûlant, peut élever de 1 degré la température de 34 kilogrammes d'eau. Donc, en un jour, la chaleur totale dégagée par la combustion animale

serait capable d'élever de 1 degré la température d'une masse d'eau pesant 240 × 8 ou 1920 kilogrammes, plus 15 × 34 ou 510 kilogrammes, ensemble 2430 kilogrammes, soit 2500 kilogrammes en nombre rond.

Cette évaluation est, il faut le dire, très grossière. Nous n'avons pas tenu compte, en effet, de la chaleur produite par l'alimentation des animaux; d'ailleurs cette chaleur dégagée n'a pas seulement pour but de maintenir le corps à une température constante. Cette chaleur se transforme en mouvement et permet le fonctionnement de nos muscles. Aussi, quand nous accomplissons un travail manuel, quand nous marchons, la température du corps diminue : la dépense musculaire correspond à une perte équivalente de chaleur. Dans une ascension au mont Blanc le docteur Lortet a reconnu que pendant qu'il montait sa température s'abaissait de 4 degrés.

« On peut constater, dit M. Lortet, que pendant les efforts musculaires de l'ascension la température du corps peut baisser, lorsqu'on s'élève de 1050 à 4810 mètres, de 4 degrés centigrades, et même de près de 6 en négligeant les fractions, abaissement énorme pour les mammifères, dont la température était réputée presque constante. »

Si nous paraissons au contraire nous échauffer dans la marche ou dans la course quand nous sommes en plaine, cela tient à une plus grande énergie des phénomènes de la respiration. Le travail de nos muscles *dépense* toujours de la chaleur, mais cette perte est largement compensée et au delà par ce phénomène de combustion qui est la respiration.

Quelle est la résistance que le corps de l'homme peut opposer aux grands froids ou aux grandes chaleurs?

On supposait autrefois que l'homme était suffoqué dès qu'il se trouvait dans une atmosphère plus chaude que son corps. Cette idée était évidemment fausse, puisqu'un grand nombre de lieux habités à la surface de la terre ont une température qui dépasse notablement 37 degrés.

Quelle est la chaleur extrême que l'homme peut supporter sans danger? Pour répondre à cette question, il faut tenir compte d'un grand nombre de circonstances : la durée de l'exposition à la chaleur, la nature des vêtements, etc.

Nous lisons dans une note parue dans les *Mémoires de l'Académie* pour 1764 que « les filles de service attachées au four banal de la ville de Larochefoucauld restent habituellement dix minutes dans ce four sans trop souffrir, la température du four étant de 132 degrés centigrades, c'est-à-dire supérieure de 32 degrés à la température de l'eau bouillante! Au moment d'une des expériences, il y avait autour de la fille de service des pommes et de la viande de boucherie qui cuisaient! »

« On a vu, dit Arago, en 1828, à Paris, un homme entrer dans un four d'un mètre de hauteur, chauffé à 137 degrés, et y rester cinq minutes; il était couvert de vêtements superposés en laine et en coton. »

D'intéressantes expériences ont montré qu'on peut endurer avec la main une température

de 47° dans le mercure,
de 50°,5 dans l'eau,
de 54° dans l'huile,
de 54°,5 dans l'alcool.

Quelques personnes boivent habituellement le café à 55 degrés centigrades.

Le maréchal Marmont, duc de Raguse, rapporte qu'à Brousse il a vu un Turc rester longtemps dans un bain d'eau dont la température était de 78 degrés!

Toutefois, quand l'exposition à la chaleur se prolonge, surtout lorsque l'homme est exposé aux ardeurs du soleil, la mort est souvent à redouter. L'abbé Gaubil rapporte que, du 14 au 23 juillet 1743, le thermomètre s'étant élevé chaque jour au-dessus de 40 degrés dans la ville de Pékin, 11 400 personnes moururent de chaleur dans les rues de la ville.

LE DOCTEUR LORTET SUR LE MONT BLANC.

L'homme peut lutter bien plus avantageusement contre le froid que contre la chaleur; il résiste en effet par ses vêtements, par le feu, par la nourriture et par l'exercice. Ainsi, dans leurs voyages au pôle Nord les capitaines Ross, Parry, Franklin et Back ont vu le thermomètre s'abaisser à — 48°, — 49°, — 56°, c'est-à-dire à 90 degrés au-dessous de la température du corps. Il convient d'ajouter que, lorsque les moyens de résistance que nous citions tout à l'heure font défaut, la mort ne tarde pas à venir. « Dans le fatal hiver de 1812, nos malheureux soldats, privés d'abri, de pain et de vêtements, sont tombés en foule dans les plaines glacées de la Russie, et pourtant le thermomètre ne descendit pas au-dessous de — 35°. »

Les abaissements de température déterminent parfois la congélation des parties qui ne sont pas protégées par les vêtements. Vous savez qu'en Russie, durant l'hiver, un promeneur peut avoir tout à coup le nez gelé, sans même qu'il s'en aperçoive. Un passant obligeant ramasse de la neige et, sans mot dire, frotte le nez du promeneur, qui rendra, à l'occasion, le même service. Ce réchauffement s'opère d'autant mieux avec de la neige qu'il doit être progressif, et ce serait faire courir à un homme transi de froid un bien grand danger que de l'amener brusquement au contact du feu.

Résumons-nous en quelques mots. L'homme peut vivre sous tous les climats. Dans les contrées froides il se met à l'abri du refroidissement par des habitations appropriées, par des vêtements chauds, par l'usage du feu, par l'exercice; d'ailleurs, la production d'acide carbonique *augmente* en même temps que la température extérieure diminue; de telle sorte que la merveilleuse cheminée que nous possédons en nous augmente d'elle-même le combustible à mesure que le froid devient plus vif.

Dans les pays chauds on se nourrit moins, la combustion à l'intérieur de notre corps est moins vive, et en même temps le corps se couvre de *sueur*, dont l'évaporation est une cause puissante de refroidissement. Ce n'est pas à dire que l'habitant des pays tempérés puisse impunément se rendre dans tous les pays chauds; le corps ne se met pas instantanément en équilibre avec l'air extérieur, et de plus, l'hygiène de chaque contrée étant différente, le voyageur ne consent pas toujours à modifier quelque chose de ses habitudes. De là des maladies, entraînant parfois la mort, qui frappent certains individus à l'exclusion de certains autres. Mais ce que l'on peut dire en toute assurance, c'est que, moyennant quelques précautions surtout hygiéniques, l'homme peut faire son domaine de toutes les parties du globe sur lequel la Providence l'a placé.

FIN

TABLE DES MATIÈRES

FIN DE LA TABLE DES MATIÈRES.

Coulommiers. — Imp. PAUL BRODARD. — 5?-98.